甜点大师的蒙布朗代表作

[日] 旭屋出版书籍编辑部　编

沙子芳　译

中华工商联合出版社

图书在版编目（CIP）数据

甜点大师的蒙布朗代表作 / 日本旭屋出版书籍编辑
部编；沙子芳译. -- 北京：中华工商联合出版社，
2016.6
　　ISBN 978-7-5158-1686-9

　　Ⅰ. ①甜… Ⅱ. ①日… ②沙… Ⅲ. ①甜食 – 制作
Ⅳ. ①TS972.134

中国版本图书馆CIP数据核字(2016)第117957号

MONT BLANC NO GIJUTSU
© ASAHIYA SHUPPAN CO.,LTD.2013
Originally published in Japan in 2013 by ASAHIYA SHUPPAN CO.,LTD..
Chinese translation rights arranged through DAIKOUSHA INC.,KAWAGOE.

北京市版权局著作权合同登记号：图字01-2015-7864

甜点大师的蒙布朗代表作
モンブランの技術

作　　者：[日]旭屋出版书籍编辑部
译　　者：沙子芳
策　　划：何安秀
出 品 人：徐　潜
责任编辑：胡天予
装帧设计：水长流文化
责任审读：书　辰
责任印制：何安秀
出版发行：中华工商联合出版社有限责任公司
印　　刷：北京艺堂印刷有限公司
版　　次：2016年6月第1版
印　　次：2016年6月第1次印刷
开　　本：889mm×1194mm　1/16
字　　数：130千字
印　　张：10.5
书　　号：ISBN 978-7-5158-1686-9
定　　价：68.00元

服务热线：010-58301130
销售热线：010-58302813
地　　址：北京市西城区西环广场A座
　　　　　19-20层，100044
网　　址：http://www.chgslcbs.cn
E- mail：cicapl202@sina.com（营销中心）
E- mail：gslzbs@sina.com（总编室）

甜点大师的
蒙布朗代表作
Contents

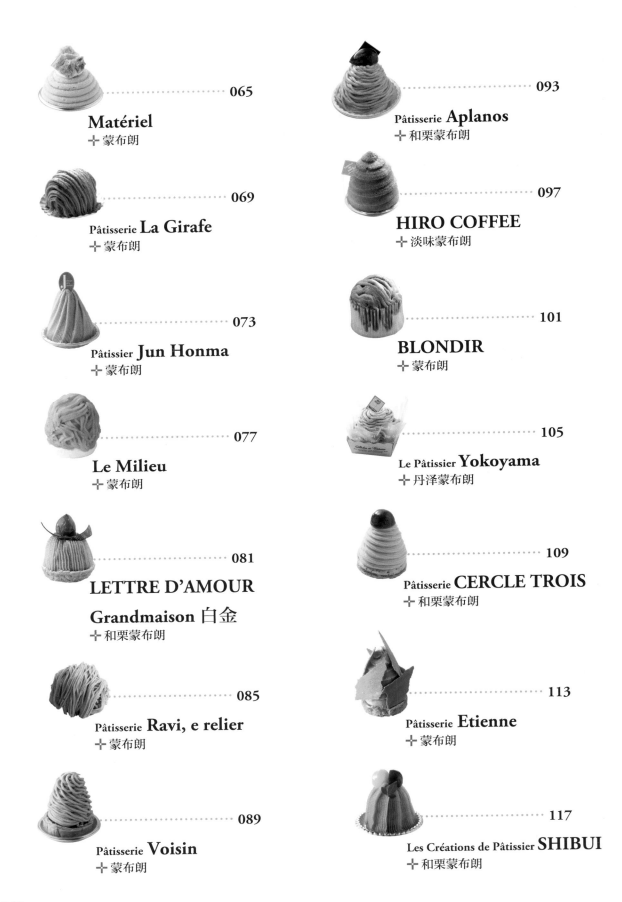

阅读本书前须知

● 本书将介绍35家店的蒙布朗的制作材料、做法及创作风味的想法。
● 内容为2012－2013年采访时的情形。现在，价格、供应时间、材料、做法和设计等可能会有变化。
● 材料和做法的标示，完全依照各店的标示法。
● 分量中标示的"适量"，视制作状况和个人喜好斟酌。
● 材料中，鲜奶油和鲜奶的"%"是指乳脂肪成分的比例，巧克力的"%"则是指可成分的比例。
● 无盐奶油的正规标示为"不使用食盐的奶油"，但本书标示为通称的"无盐奶油"。
● 加热、冷却、搅拌时间等，是根据各店使用的机器来标示的。
● 关于栗子，有如下的统一用语。

· 本书中，日本国内栽培的栗子称为"和栗"。使用和栗的材料标示为"和栗酱"、"和栗甘露煮"、"糖渍和栗"等。
· 以糖浆腌渍的栗子标示为"糖渍栗子"、"糖渍和栗"。
· 材料和做法的标示上，"pâte de marron"（栗子酱）、"marron paste"（栗子酱）等栗子加工成酱状的材料（制品），统称为"栗子（和栗）酱"。此外，以"marron cream"（栗子鲜奶油）、"marron puree"（栗子泥）的名称销售的产品，直接标示为"栗子鲜奶油"、"栗子泥"。
● 无添加砂糖时，正规标示为"不使用砂糖"，但本书中标示为"无糖"。
● 和果子：日本的一种点心，小豆是主要原料。也统指日式甜点。
● 甘露煮：日本风味煮菜方法之一，指用糖水煮的东西。

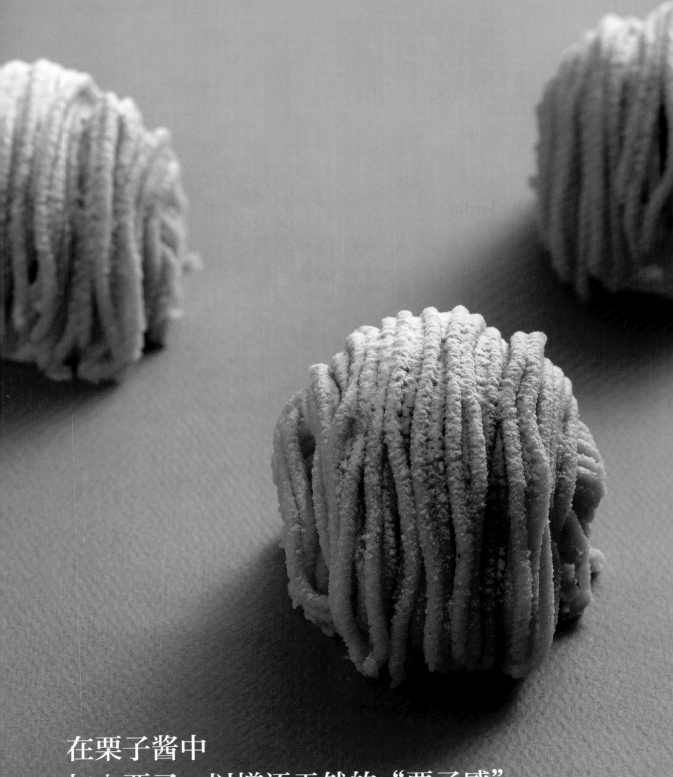

在栗子酱中
加入栗子，以增添天然的"栗子感"

Pâtisserie gramme

店长兼甜点主厨 三桥 和也

蒙布朗

450日元／供应时间 全年

　　三桥和也主厨的蒙布朗，呈现出栗子天然的口感。成分简单，重点突出"新鲜美味"。

糖粉

　　使用装饰用不易融化的防潮糖粉。

栗子鲜奶油

　　生栗蒸熟后冷冻，再搅碎成为栗子粉，加入现成的栗子酱中，能增添栗子原有的美味。栗子粉保留粉末的颗粒感，不过滤。用鲜奶油和鲜奶调整柔软度和湿度，再加入奶油增添香浓美味。

发泡鲜奶油

　　使用乳脂肪成分45%、味道浓醇不腻口的鲜奶油。为了使人不会感到"甜腻"，不加砂糖。

蛋白饼

　　蛋白液中加入杏仁粉制成蛋白饼。再加入和栗子同为坚果的食材，使蒙布朗呈现一体感。蛋白饼的分量和鲜奶油的分量要保持均衡，挤成1～1.5cm厚，充分烘烤变干使中央焦糖化。

蒙布朗

材料和做法

栗子鲜奶油

材料 （30份）

栗子酱（Marron Royal公司）
································· 1000g
整颗栗子（葡萄牙产／Capfruit公司
"冷冻去壳栗仁"）·············333g
无盐奶油·················· 95g
45%鲜奶油················ 45g
35%鲜奶油················432g
鲜奶·················135g

上图右为Marron Royal公司生产的栗子酱。在欧洲的栗子制品中，选用这种味道柔和，广受大众喜爱的产品。上图左是Capfruit公司生产、以葡萄牙产整颗栗子制作的"冷冻去壳栗仁"。

使用生栗是因为它具有栗子原味。加入生栗后，法国制栗子酱的味道，就近似日本人熟悉的栗子美味。

1. 将冷冻过的整颗栗子，直接放入有蒸汽功能的对流式烤箱中。在"gramme"是使用Rational制烤箱。以蒸汽模式加热30分钟后，放入急速冷却机（Blast chiller）中，以-40℃急速冷却。

2. 冷却后，放入冷冻库中冷冻保存。为避免风味流失，该店会在3天内使用完。

3. 在食物调理机（该店使用"blixer"）中直接放入冷冻的2，以高速搅打。高速搅打不会产生热量，能打碎食物又不会融化。搅打至酥松的状态即可。

4. 加入栗子酱，以低速搅打。

5. 混合后，加入和4柔软度相当的奶油，再以低速搅拌。

6. 将两种鲜奶油和鲜奶混合，加入5中。以低速搅拌，直到整体混匀为止。

7. 图中是混匀的状态。刚完成时味道较淡，装入密闭容器中，放入冷藏库冷冻一晚使味道融合。

8. 将静置一晚的鲜奶油放入食物调理机中，以低速搅拌。搅拌能充分混匀，并且使其含有少许空气，且变得柔软。然后装入密闭容器中冷藏，直到接到订单时再使用（至次日中午之前）。

蛋白饼

材料（约55份）

蛋白·······························187.5g
白砂糖（A）··························22.5g
糖粉·······························142.5g
白砂糖（B）·························· 75g
杏仁糖粉（tant pour tant）
　糖粉···························· 60g
　杏仁粉（※）···················· 60g

※杏仁粉
将美国加州产carmel种和西班牙产Marcona种杏仁粉，以1:1的比例混合。

1. 在直径5cm的中空圈模中沾上糖粉（分量外），在烤盘（该店使用铁氟龙加工烤盘）上做圆形记号备用。

2. 用电动搅拌机搅打蛋白。以中高速搅打，稍微发泡后，加入白砂糖（A）。加入白砂糖能打发得更好，使气泡更稳定。

3. 再用电动搅拌机以高速搅打。发泡至上图的状态后，加入糖粉。

4. 再以高速搅打。这里的制作重点是要充分打发蛋白霜。打发到蛋白霜质地细致，达到前端尖角能竖起的硬度为止。

5. 加入白砂糖（B），用橡皮刮刀混合使整体融合。

6. 用电动搅拌机混合糖粉和杏仁粉制成杏仁糖粉，以呈现最佳风味，再加入5中。

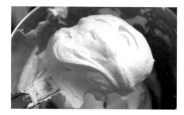

7. 用橡皮刮刀混合。杏仁的油脂成分会使蛋白的气泡膨起，只需如切割般混合即可。

8. 在装了圆形挤花嘴的挤花袋中装入7，在1的烤盘上挤出直径5cm的圆形。挤成约1~1.5cm的厚度。

9. 放入130℃的对流式烤箱中，打开风门烤约一个半小时。

10. 烤到中心焦糖化为止。确认中央是否已烤成褐色。然后放凉，装入密闭容器中保存。

发泡鲜奶油
（crème fouettée）

材料

45%鲜奶油·····················适量

　用电动搅拌机以高速充分搅打鲜奶油至九十分发泡的程度。

组合及装饰

材料

糖粉（装饰用糖粉［poudre d'ecor］）
·····················适量

1. 在蛋白饼上放上发泡鲜奶油。用抹刀修整成高3cm的山型。制作重点是不使用挤花袋。鲜奶油通过挤花嘴容易产生变化，而且用挤花袋操作，容易传导手的温度。因此用抹刀迅速操作，让鲜奶油保持最佳状态。

2. 在装了蒙布朗挤花嘴的挤花袋上装入栗子鲜奶油，挤到发泡鲜奶油上，横向来回挤两次。

3. 纵向来回挤3次半。为避免挤出的分量差异太大，挤的次数共计来回五次半。

4. 用抹刀修整外型。

5. 撒上糖粉做装饰。

在栗子酱中加入栗子
制成鲜奶油

"Pâtisserie gramme"开店后，受到当地电视台的采访，蒙布朗很快一跃成名。"我很感谢大家，不过只有蒙布朗受到注目，我感觉有点可惜。"三桥和也主厨回忆当时的情形时说。该店的虽然全年制作蒙布朗，但并未展示。为保持栗子鲜奶油的新鲜度，而且主厨希望顾客能同时享受蛋白饼的酥松口感，所以原则上是接到点单后再进行组装，且放在展示柜中不能超过一小时。

三桥主厨制作的蒙布朗，首重呈现栗子的美味。构成部分包括栗子鲜奶油、发泡鲜奶油和蛋白饼。在如此简单的构成下，鲜奶油与蛋白饼之间，不论是味道还是口感上的平衡，都将成为"胜负"的关键。

栗子鲜奶油中不使用和栗。主厨表示不想在法国甜点中掺杂日式食材的味道。他选用欧洲栗子制品中风味较柔和的Marron Royal公司制的栗子酱，里面再加入生栗子。在现成的栗子酱产品中，加入现成的栗子鲜奶油等产品，仍会呈现现成产品的味道。不过如果加入新鲜的栗子，不但能呈现"栗子感"，而且新鲜栗子没有添加砂糖或香精，也容易调整配方。现在，主厨使用葡萄牙产的冷冻去壳栗仁。此冷冻品全年供应，方便采购。

混合栗子时，虽然可以先制成泥再混合，但是完成时会变得过度均匀。三桥主厨的方法是将栗子蒸烤、冷冻后再粉碎。他先用蒸汽对流式烤箱加热栗子，接着放入急速冷却机中，用-40℃的温度急速冷却。急速冷却机不会使食材变干，损伤食材的风味。之后放入冷冻库冷冻，再用"食物调理机（blixer）"搅打粉碎。这种食物调理机特殊形状的刀刃能够在短时间内将冷冻状态的栗子打成均匀的粉末，不会产生高热使栗子粉融化。粉末中残留的颗粒，能让人感受到栗子感。将粉末与栗子酱混合，加入奶油增添浓郁风味，再与鲜奶油和鲜奶混合。

不打发鲜奶油，目的是防止打发后含有空气，降低味道的冲击感。使用两种鲜奶油是为了添加适度的浓郁风味。如果只加入鲜奶油，栗子酱冷却后会变硬，而加入鲜奶调和后口感会变柔软。主厨希望该店的蒙布朗老少咸宜，因此不加酒。

做好的栗子鲜奶油静置一晚，次日混拌均匀至变软后再使用。

用充分打发、质地细致的
蛋白饼作为底座

蛋白霜中加入杏仁糖粉，除了增添香味外，更具整体感。杏仁粉使用苦味少的Carmel牌以及香味浓郁的Marcona牌，以等比例混合，使用前用电动搅拌机混合以凸显风味。蛋白经过充分打发，质地变细致后再加入杏仁糖粉中。蛋白饼的制作重点是：打发阶段在蛋白中加入砂糖使其融合（若能充分融合砂糖，质地会更细致）烘烤约一个半小时至中央焦糖化。这样即能使蛋白饼稍微吸收水分，也能与饴糖的酥脆口感完美融合。

发泡鲜奶油是采用味道浓醇、风味不亚于栗子鲜奶油和蛋白饼的45%鲜奶油，打发至九十分发泡的程度。主厨不用挤花袋挤制，而用抹刀将鲜奶油直接抹到蛋白饼上，因为不论是手的温度还是发泡鲜奶油通过挤花嘴时，都会使发泡鲜奶油的口感产生变化。因为要凭感觉来控制栗子鲜奶油的分量以维持整体的均衡，所以这个程序由三桥主厨完成。

以生栗自制鲜奶油
最大限度活用和栗的美味

Delicius

甜点主厨 **长冈 末治**

和栗蒙布朗

450日元／供应时间 10月至次年3月

遍访世界寻找优良食材的长冈末治主厨，使用当地生产的名栗。从生栗制作开始，使蒙布朗整体如鲜奶油般柔软。

栗子装饰

在捏成栗子状的栗子酱上裹上饴糖，再装饰上罂粟籽。

糖粉

使用不易融化的防潮糖粉。

女士鲜奶油

在迪普洛曼鲜奶油（creme diplomat）中加入切成小丁的栗子涩皮煮，再加入柑曼怡香橙干邑甜酒，增加香味。最后加入少量吉利丁，它除了提高保形性，还有防止蛋白和水分分离的作用。

巧克力装饰

将白甜巧克力煮融后抹成薄片，用刀切成片。将切下的巧克力片卷在舒芙蕾的周围，此举还具有预防干燥的效果。

榛果蛋白饼

将烤过的榛果捣碎，混入蛋白霜中稍微烘烤。坚果的香味和口感颇具特色。

和栗蒙布朗鲜奶油

在鲜奶油中使用日本大阪府能势町产的和栗"银寄"，从生栗开始，经糖渍、过滤制成栗子酱。先用奶油炒香栗泥，使它更芳香、松软。再加入法国制栗子鲜奶油和柑曼怡香橙干邑甜酒，让"和风"具有"西洋"味。

蛋糕

在蒙布朗里面夹入质地略粗的蛋糕，以吸收鲜奶油的水分。同时蛋糕也会变得更柔软，口感与鲜奶油融为一体。

香堤鲜奶油

这是加糖6%的香堤鲜奶油。挤在女士鲜奶油上面，使蒙布朗略高。底座上也挤入少量，用来连接榛果蛋白饼和舒芙蕾。

舒芙蕾

用奶油拌炒低筋面粉，加入鲜奶制成白酱，加入蛋黄和搅打至九分发泡的蛋白霜，倒入模型中隔水烘烤。蛋的风味浓厚，质地细致柔软。

不同口味的蒙布朗

Chataigne
→P152

和栗蒙布朗

材料和做法

榛果蛋白饼

材料（90份）

蛋白霜
┌ 蛋白 ·······················133g
└ 白砂糖 ·····················208g
榛果（烤过）···················260g
香草油 ·······················适量

1. 蛋白和白砂糖混合，隔水加热，用电动搅拌机搅打至十分发泡。

2. 在1中加入弄碎的榛果和少量香草油，用橡皮刮刀混合。

3. 在装了4号圆形挤花嘴的挤花袋中装入2，在铺了烤焙纸的烤盘上，挤成直径7cm的薄圆片。

4. 将3放入150℃的对流式烤箱中烘烤20分钟。

香堤鲜奶油

材料（备用量）

36%鲜奶油·····················1000ml
白砂糖 ·······················60g

鲜奶油中加入白砂糖，充分搅打至十分发泡。

蛋糕

材料（70份）

蛋白霜
┌ 蛋白 ·······················7份
└ 白砂糖 ·····················160g
蛋黄 ·························7份
低筋面粉 ······················170g
玉米粉 ·······················25g
糖粉·························适量

1. 将蛋白和白砂糖混合，用电动搅拌机充分搅打至尖端能竖起的发泡程度。

2. 蛋黄用网筛过滤后，加入1中混合。

3. 低筋面粉和玉米粉混合过筛，加入2中混合。

4. 在装了8号圆形挤花嘴的挤花袋中装入3，挤成马卡龙形状，要比烤好后的直径3cm还小一圈，撒上糖粉。

5. 将4放入210℃的对流式烤箱中，烘烤12分钟。

舒芙蕾

材料（70份）

蛋黄 ·························8份
蛋白霜
┌ 蛋白 ·······················8份
└ 白砂糖 ·····················240g
白酱
┌ 低筋面粉 ····················240g
│ 无盐奶油 ····················240g
└ 鲜奶 ······················800g
朗姆酒（或柑曼怡香橙干邑甜酒
[Grand Marnier]）············26g
香草精 ·······················适量

1. 制作白酱。在锅里放入奶油，以小火煮融。

2. 加入低筋面粉，用木勺混拌至无粉末颗粒为止。

3. 慢慢加入鲜奶混合，中途熄火以免水分蒸发变硬。

4. 硬度和步骤9的蛋白霜差不多。注意，这个阶段如果太软，则无法和蛋白液混合。

5. 将4倒入钢盆中，加入蛋黄混合均匀。

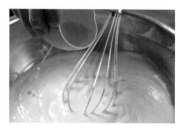

6. 加入少量朗姆酒和香草精混合均匀。

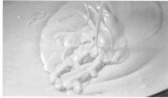

7. 浓度是从上方滴落会在表面形成堆积的程度。别太稀软。

8. 制作蛋白霜。蛋白霜的完成时间要和步骤7一致。蛋白用电动搅拌机以中速搅拌，加入白砂糖。保留少量白砂糖作为装饰用，剩余的分3~4次（一次加入，气泡会变大）加入。制作过程中，一面视情况采用高速或中速，一面搅打使泡沫变细致。

9. 大约搅打至九分发泡，加入保留的装饰用白砂糖，以中速搅打，调整气泡细致度。注意，过度搅打烘烤后会扁塌。

10. 在7的白酱中加入9的蛋白霜。用打蛋器混合。

11. 混匀后用橡皮刮刀从底部开始如同舀取般搅拌。

12. 在烤盘上铺上烤焙垫，排上直径7cm高2.5cm的纸烤杯，倒入11约至七分满。

13. 在烤盘中倒入水约至五分满。

14. 放入140℃的烤箱中烘烤6分钟。

15. 烘烤完成，放在烤杯里放凉使蛋糕味道融合。

糖渍和栗泥

材料（备用量）

生和栗（日本大阪府能势町产／银寄）
……………………去鬼皮20kg
栀子的果实……………………适量
糖浆
  ┌ 水 ……………………………适量
  └ 白砂糖 ………相对1L的水加400g
香草棒 …………………………适量

1. 栗子仔细去除涩皮，水洗后备用。在锅里放入栗子和栀子的果实，加入能盖住材料的水，开火加热。

2. 煮沸3次（煮沸后倒掉热水，换新水再煮沸）。

3. 再次加入新水开火加热，煮沸后转中火，一直煮到栗子变软。

4. 煮到用竹签能刺穿的软度，离火，倒掉热水。

5. 相对于1L水加400g白砂糖煮融，制作糖浆。

6. 在锅里放入4的栗子、5的糖浆和香草棒，加热煮沸。煮沸后离火。

7. 浸泡在糖浆中直接自然放凉，之后放入冷藏库一晚备用。

8. 取出7的栗子，用食物调理机搅碎。

9. 用细目网筛过滤8。

10. 用保鲜膜包好放入冷冻库中冷冻保存。使用时冷藏解冻。

和栗蒙布朗鲜奶油

材料（30份）

糖渍和栗泥（参照"糖渍和栗泥"）
…………………………………… 1kg
栗子鲜奶油（法国制）…………660g
无盐奶油 ………………………30g
香草精 …………………………适量
柑曼怡香橙干邑甜酒 ……………适量

1. 在锅里放入奶油加热，炒到糖渍和栗泥散出香味。

2. 放入方形浅钢盘中让栗泥变凉。盖上保鲜膜，放入冷冻库或冷藏库冰凉。

3. 在冰凉的2中，慢慢加入栗子鲜奶油，用橡皮刮刀混拌。

女士鲜奶油（madame creme）

材料（70份）

香堤鲜奶油（36%鲜奶油·加糖6%）...... 1350g
卡士达酱（※）...... 700g
吉利丁片...... 8g
栗子涩皮煮（法国产）...... 250g
柑曼怡香橙干邑甜酒...... 适量
香草精...... 适量

※卡士达酱（备用量）
鲜奶...... 1000ml
蛋黄...... 300g
白砂糖...... 250g
卡士达酱粉（poudre a creme）...... 30g
低筋面粉...... 30g
玉米粉...... 30g
无盐奶油...... 20g

1. 在钢盆中放入蛋黄和白砂糖，搅打成乳脂状。

2. 将卡士达酱粉、低筋面粉和玉米粉混合过筛，加入1中再混合。

3. 将煮沸的鲜奶慢慢地加入2中混合。

4. 倒入铜锅中，煮沸至黏稠，加入奶油。

5. 急速冷却，再放入冷藏库中保存。

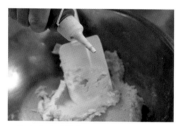

4. 加入柑曼怡香橙干邑甜酒混匀。

5. 加入少量香草精混匀。

6. 试试味道和软硬度，若有需要用糖浆（分量外）调整。太硬则较难挤出，加太多糖浆，味道会太甜，调整时请留意。

7. 用网筛过滤。

1. 栗子涩皮煮切成5mm的小丁，加入柑曼怡香橙干邑甜酒混合备用。

2. 将用水（分量外）泡软的吉利丁加热煮融，从备用的卡士达酱中取少量加入其中混合。

3. 在卡士达酱中加入2，用打蛋器混合。

4. 分数次加入搅打至十分发泡的香堤鲜奶油，用橡皮刮刀混合。加入少量香草精。

5. 加入1混合。

组合及装饰

材料

巧克力（调温巧克力）…………适量	
栗子装饰（※1）…………适量	
糖粉（饰用糖粉）…………适量	
金箔…………适量	

※1 栗子装饰
将捏成栗子形状的栗子酱干燥一晚，用竹签插入熬煮至152℃的饴糖（※2）中，取出倒吊着让糖凝固。拿掉竹签，在栗子底部沾上淋面用巧克力，再沾上罂粟籽。

※2 饴糖的配方
砂糖	700g
水	210g
水饴	200g
可可粉	40g

1. 在榛果蛋白饼上挤上少量香堤鲜奶油，再放上舒芙蕾。

2. 用装了圆形挤花嘴的挤花袋，在上面挤上女士鲜奶油。

3. 放上蛋糕。

4. 再次挤上女士鲜奶油。

5. 用抹刀抹开女士鲜奶油至覆盖蛋糕，形成山形。

6. 将香堤鲜奶油挤成直径约3cm的螺旋状。

7. 用装了蒙布朗挤花嘴的挤花袋，挤上和栗蒙布朗鲜奶油。从舒芙蕾上呈螺旋状覆盖。最后平均施力，注意奶油别中断。

8. 将巧克力调温，延展成薄片。凝固的状态下用刀从一边刮下。

9. 在7的周围贴上8，撒上糖粉，上面装饰上1颗栗子装饰和金箔。

以当地的栗子
制作蒙布朗鲜奶油

长冈末治主厨制作甜点时，最重视活用食材。因此，他注重寻找优质食材。

制作蒙布朗时，他选用当地的"银寄"栗。此栗原产于日本大阪能势町，也称为"能势栗"，历史悠久。它也是丹波栗的代表性品种，颗粒大、味道甜，风味极佳。长冈主厨表示，"难得本地有这种好栗子，我从生栗开始处理，充分活用它的美味。"秋季时该店员工自制糖渍和栗。蒙布朗鲜奶油就是用这种糖渍和栗制作的。虽然辛苦，但主厨表示"我们在用栗子制作甜点过程中发生的故事都是甜点的一部分。"

一个季节要使用500公斤去除鬼皮的和栗。一次要处理20多公斤糖渍和栗。栗子容易腐坏，所以必须在三天内处理完。

栗子去涩皮后用水煮沸3次，去除涩味，换水加入糖浆煮沸后立即关火，直接放凉冷藏一晚备用。为了活用食材的原味，加入糖分后，需先放置一晚使甜味充分渗入，次日以细目网筛过滤成栗子泥后直接以保鲜膜包好，再放入冷冻库中。使用时先冷藏解冻，解冻后需两天内用完。

使用当日制作的和栗蒙布朗鲜奶油。长冈主厨采取用奶油炒香的方法，凸显糖渍和栗泥的松软口感和香味。炒过的栗泥不仅更香，还能蒸发多余的水分，而且用奶油炒过，味道更圆润。这是长冈主厨的创意做法。将栗泥放凉后，加入法国制栗子鲜奶油和柑曼怡香橙干邑甜酒制成蒙布朗鲜奶油。然后再加入洋栗鲜奶油与洋酒，样式从日式转变为西式，蒙布朗也变成了西式甜点。但是，主角是和栗，因此配方的比例是和栗3、洋栗2。主厨选择柑曼怡香橙干邑甜酒增添香味。混合时为避免混入空气，直接手工制作。再用网筛过滤，就完成口感细滑、美味浓缩的鲜奶油了。

使用和栗、洋栗两种栗子
通过冷冻熟成展现最佳风味

主厨觉得和栗蒙布朗鲜奶油应呈现日本人喜爱的柔软口感，为了让顾客感受蒙布朗整体如鲜奶油般的感觉，每个组成部分都很柔软。

首先，主厨采用"蛋卷"的舒芙蕾面糊。他开发出在用面粉制作的白酱中融入砂糖制作蛋白霜的方法，完成了湿润、柔软，质地又细致的舒芙蕾。为时舒芙蕾展现蛋的风味，主厨使用从日本三重县订购的柴鸡蛋。

在舒芙蕾和蒙布朗鲜奶油之间，加入女士鲜奶油和蛋糕。女士鲜奶油是在迪普洛曼鲜奶油（注：香堤鲜奶油＋卡士达酱）中加入用朗姆酒增加香味的栗子涩皮煮制成的。为了防止鲜奶油的蛋白质和水分离，以及保持外型，其中还加入少量吉利丁。在女士鲜奶油中加入蛋糕，能够有效吸收鲜奶油的水分，蛋糕本身也会变软，因此能和鲜奶油的口感融为一体。

通常，这道甜点是以盛在杯中的舒芙蕾、女士鲜奶油、蛋糕和蒙布朗鲜奶油构成，偶尔会像刊载的图片那样，以加了榛果的薄薄蛋白饼强化坚果的香味与口感，并加上装饰。不断追求"制作更美味甜点"的长冈主厨，每天都涌现各种创意。他表示："可以随心所欲设计，但绝对要美味。"

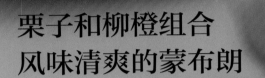
栗子和柳橙组合
风味清爽的蒙布朗

Pâtisserie **Mont Plus**

甜点主厨　林 周平

蒙布朗

530日元／供应时间　10月至次年2月

这款蒙布朗最大的特色是组合柳橙。为了直接呈现柳橙的风味，不使用新鲜水果，而使用君度橙酒。主厨设计出能够冷冻的配方，在销售上也下了一番功夫。

烤栗

这是表面加上烤色，再用果冻胶增加光泽的装饰用栗子。为了不影响蒙布朗主体的味道，选用风格不明显的栗子。

糖粉

兼用糖粉和装饰用的糖粉。为了保持形状使用装饰用糖粉较佳，但因为它略呈黄色，所以上面再撒上一层普通的糖粉修饰变白。

栗子鲜奶油

在栗子酱中加入奶油成为融口性佳的栗子鲜奶油。栗子酱是用日本四国爱媛县产的松软和栗酱，和法国Imbert公司产的栗子酱，以等比例混合制作而成。

香堤鲜奶油

减少砂糖，整体能感到有油脂，更能凸显甜度。分量比香橙卡士达酱略少，美味更均衡。

香橙卡士达酱

这是加入和栗酱，呈现柳橙风味的卡士达酱。主厨以浓缩君度橙酒增添清爽、喉韵佳的柳橙风味，不会让人觉得太甜，同时还活用和栗的颗粒感。

栗子塔

法式甜塔皮＋
栗子杏仁鲜奶油

塔皮中加了栗子酱的杏仁鲜奶油馅烘烤成塔。杏仁鲜奶油是不加面粉的原味。之后刷上大量的君度橙酒糖浆，增添柳橙的风味。

材料和做法

栗子塔

材料（长10cm×宽2.5cm×高1.5cm的
小舟形模型45份）

法式甜塔皮（pate sucree）（※1）
.... 1400g
栗子杏仁鲜奶油
┌ 杏仁鲜奶油（※2）............ 1000g
└ 栗子酱（Imbert公司）......... 333g
君度橙酒糖浆（※3）............ 适量

※1 法式甜塔皮（备用量）

无盐奶油 1500g
糖粉 940g
全蛋 470g
杏仁粉 380g
低筋面粉 2500g
泡打粉 12g

1. 用擀面杖敲打奶油使其厚度均匀，放入
   搅拌缸中，分5～6次加入糖粉，以低速
   混拌。
2. 打散的全蛋分5～6次加入混合，再加入
   杏仁粉混匀。
3. 低筋面粉和泡打粉混合过筛，分2～3次
   加入其中，混合至看不到粉末为止。
4. 将3取至工作台上，用手掌按压扩展，使
   面粉和奶油均匀地融合。
5. 揉成团压平，用保鲜膜包好，放入冷藏
   库一晚，使其变软备用。

※2 杏仁鲜奶油（备用量）

无盐奶油 1000g
糖粉 800g
全蛋 540g
蛋黄 100g
酸奶油 100g
脱脂奶粉 40g
杏仁粉 1200g

1. 用擀面杖敲打奶油使其厚度均匀，用电
   动搅拌机搅打成乳脂状。
2. 分5～6次加入糖粉，混匀。
3. 全蛋打散混合，分7～8次加入2中，混匀。
4. 一次加入酸奶油和脱脂奶粉，混匀。
5. 分两次加入杏仁粉，混匀。
6. 揉成一团用保鲜膜包好，放入冷藏库
   一晚。

※3 君度橙酒糖浆（配方）

30波美度（baume）糖浆 150ml
君度橙酒（Cointreau）......... 100ml

混合材料。

1. 制作栗子杏仁鲜奶油。栗子酱用电动
搅拌机搅打，使其变得和杏仁鲜奶油差
不多柔软，加入杏仁鲜奶油混匀（两种
材料的硬度接近，才不易形成颗粒）。

2. 以低速短时间搅拌。搅拌太久产生的
热度会使杏仁出油。此外，含有太多空
气，烘烤时容易膨胀，馅料本身会变得
干涩不可口，这点须注意。

3. 法式甜塔皮擀成2～2.5mm厚，铺入小
舟形模型中，戳洞备用。用装了圆形挤
花嘴的挤花袋，挤入栗子杏仁鲜奶油，
放入170℃～180℃的烤箱中烤20～25分
钟，烤至稍微上色即可。

4. 趁热刷上君度橙酒糖浆。

香橙卡士达酱

材料（45份）

卡士达酱（※）.................... 500g
和栗酱（日本爱媛县产／米田青果食
品"King栗子酱　西洋风味"）... 70g
浓缩君度橙酒 4ml

※卡士达酱（备用量）

鲜奶 1000g
白砂糖 75g
香草棒 1又1/2根
蛋黄 300g
白砂糖 125g
高筋面粉 55g
低筋面粉 45g
无盐奶油 50g

1. 在铜锅里加入鲜奶、白砂糖（75g）和裂
   口的香草棒，加热。
2. 在钢盆中放入蛋黄、白砂糖（125g），
   搅打成乳脂状，加入混合过筛备用的高
   筋面粉和低筋面粉，用蛋器混匀。
3. 从1中剔除香草棒，将1/2的量慢慢地倒入
   2中混合后，立刻倒入网筛过滤，剩余的1
   一边倒入再次煮沸的2中，一边用蛋器
   搅拌。
4. 一面加热，一面继续搅拌，搅拌至柔软
   的瞬间，离火，加入奶油，立刻冷却。

栗子鲜奶油

材料（35份）

和栗酱（日本爱媛县产／米田青果食品"King栗子酱 西洋风味"	500g
栗子酱（Imbert公司）	500g
无盐奶油	400g
浓缩君度橙酒	84ml

将栗子酱和其他所有材料（奶油和浓缩君度橙酒）以等比例混合而成的栗子奶油，虽然融口性较佳，但是加太多反而会盖过和栗的风味。

栗子酱是和栗酱（上图左）和法国制栗子酱，以1：1的比例混合。和栗酱不加砂糖，但法国制栗子酱加糖，使栗子的风味和甜味取得平衡。

1. 在卡士达酱中加入浓缩君度橙酒。

2. 为保留和栗的颗粒感，所以和栗酱以外的材料（这里指浓缩君度橙酒）可以先混合备用。

3. 和栗酱用过滤器过滤备用。为保留和栗的口感，不要弄碎，直接拌入香堤鲜奶油中。

1. 先将栗子酱用电动搅拌机（低速）搅拌备用。搅拌变软后，将和栗酱弄散，慢慢地加入其中。若不按照顺序则会结块，这点须注意。

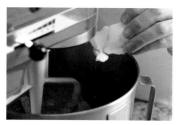

2. 融合后，慢慢加入用擀面杖敲打变软的奶油。为避免空气进入，用低速直接混拌，以最短时间混合。若混拌太久则升高的温度会使奶油融化，使融口性变差。

3. 加入浓缩君度橙酒，增加柳橙风味。它比一般的君度橙酒酒精度高，味道较浓，食用后感觉清爽。

4. 混拌至没有颗粒的细滑状态。但是，若含空气太多，味道会变淡，所以混拌至可使用挤花袋的程度即可。

4. 混合均匀，否则无法感受颗粒感，这点须注意。

香堤鲜奶油

材料（35份）

42%鲜奶油	1000g
白砂糖	80g
香草精	适量

将鲜奶油和白砂糖混合，搅打至七分发泡，加入少量香草精即完成。

组合及装饰

材料

烤栗（※）	适量
糖粉	适量
糖粉（饰用糖粉）	适量

※烤栗

生栗（整颗、冷冻／法国产）	适量
果冻胶	适量

1. 冷冻生栗放入已开蒸汽的烤箱中烤熟。
2. 表面用瓦斯喷枪烤出焦色，放凉之后，涂上果冻胶增加光泽。

1. 栗子塔的上面，挤入香橙卡士达酱，可多挤一条以增加高度。放入冷藏库或冷冻库冷却凝固（方便下个阶段涂抹鲜奶油）。

2. 薄薄地涂抹一层香堤鲜奶油（1个25～30g）。

3. 放入冷冻库冷冻一晚，使酒充分融合，风味会更佳。

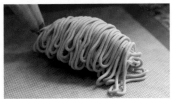

4. 将栗子鲜奶油倒入安装蒙布朗挤花嘴的挤花袋中，从纵向放置的塔的边端开始，迅速挤出鲜奶油覆盖整体。鲜奶油才会美观。

5. 用抹刀切除多余鲜奶油。修成塔形。

6. 依序撒上糖粉（装饰用糖粉）和一般的糖粉，再装饰上一颗烤栗。

以塔作为底座

几乎所有的日本甜点店都制作蒙布朗，所以如何在味道、外观和价格间取得平衡，让人颇费心思。

"Mont Plus"的林周平主厨制作的是栗子与柳橙组合的蒙布朗。有许多水果都能搭配栗子，即使在法国，栗子和柳橙的组合也很罕见。林周平主厨模仿法国甜点"栗子船形塔（Barquettes marrons）"的外型来制作蒙布朗。

主厨重视蛋糕的整体感。为了不凸显柳橙的清爽感，每一个步骤都加入了君度橙酒。

蒙布朗的成分包括：栗子杏仁鲜奶油塔、融入和栗酱的香橙卡士达酱和香堤鲜奶油，以及使用和、洋两种栗子制作的栗子鲜奶油。塔上刷上柳橙利口酒糖浆，鲜奶油中也加入了利口酒。

林主厨不用蛋白饼而用塔来作为底座。加入栗子鲜奶油后，塔的风味比蛋白饼让人觉得更清爽，而且食用后还能获得强烈的满足感。在法式甜塔皮中，挤入揉合了法国产栗子酱的杏仁鲜奶油（杏仁鲜奶油未混入面粉，呈现原来的风味）制成塔，其制作要诀是勿过度烘烤，烤好的塔要趁热刷上君度橙酒糖浆。

因为人们无法清楚感受鲜果汁的风味。所以他在卡士达酱和栗子鲜奶油中使用酒精度数更高的浓缩君度橙酒，而不是新鲜的柳橙汁。所有君度橙酒中都带有少许甜味，浓缩后味道变得更浓，吃完后给人一种清爽感。

使用和、洋两种栗子
通过冷冻呈现最佳美味

主厨使用和、洋两种栗子维持风味的平衡。和栗具有栗子的松软度，但香味不敌奶油等。此外，和栗酱中保留适度的颗粒感，若用手捏便松散开。欧洲的洋栗酱磨得太细绵，感觉太温和平淡，成品（栗子酱）中已加入香草等增加香味，不容易和其他食材组合。林主厨融合了两者的差异性，平衡了风味。

杏子鲜奶油中已用浓缩君度橙酒添加柳橙的香味，所以洋栗采用香料味淡的法国Imbert公司制的栗子酱。和栗则使用日本爱媛县产的栗子酱（米田青果食品制，限定使用当年最佳产品）还加入奶油使融口性更佳。

卡士达酱中加入过滤但保留颗粒的和栗酱，为凸显口感不过度混合，以凸显口感。整体平衡上，卡士达酱较多，香堤鲜奶油较少，所以挤上卡士达酱后先冷冻凝固，这样更方便涂上香堤鲜奶油。香堤鲜奶油若过度控制甜味，会让人感觉太油，所以主厨一般是加8%的糖。

在此状态下冷冻至少一晚备用。"这个配方经过计算，要冷冻才能呈现最佳风味"林主厨表示。因为其中加入许多酒，静置一段时间味道会更爽口。早上，挤上杏子鲜奶油，放上烤栗即完成。"在味道上虽然没必要加上装饰栗子，不过放上栗子为的是让顾客一目了然"。若制作得像糖渍栗子般，反而会影响蒙布朗的味道，所以装饰上"无特色"的栗子。在栗子上加上烤色的设计，也是林主厨特有的风格。

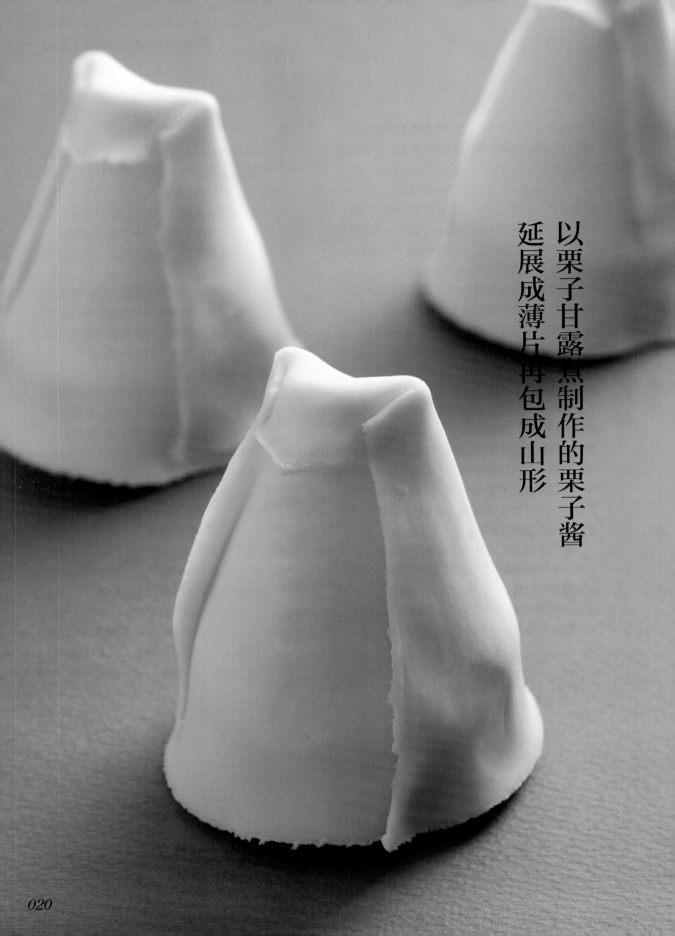

以栗子甘露煮制作的栗子酱
延展成薄片再包成山形

POIRE

店长兼甜点主厨　**辻井　良树**

蒙布朗

504日元／供应时间　全年

　　以风味高雅而闻名遐迩，在日本关西一带拥有许多支持者的"POIRE"，店内有4种蒙布朗。其中独树一格的"蒙布朗"是汇集店中精华的招牌商品。

栗子酱

　　采用无涩皮的黄色栗子甘露煮制成的栗子酱，加入白巧克力调味，用细目网筛过滤。栗子一般制作成栗子鲜奶油挤成螺旋状，该店制作薄片包裹整体，使蒙布朗呈现雅致的风貌。

卡士达酱

　　这是不添加奶油，而以朗姆酒增加香味的"POIRE"的卡士达酱。制作重点是以独家配方煮至96℃以上制成。黏稠细滑，冷藏凝固后备用。

香堤鲜奶油

　　瑞士卷上面挤上加了5%糖的香堤鲜奶油，使卡士达酱和瑞士卷的风味相互融合。

瑞士卷

海绵蛋糕＋
香堤鲜奶油（加朗姆酒）

　　在用蛋及蜂蜜的配方制成的海绵蛋糕中，包入5%糖及朗姆酒制成的香堤鲜奶油，便制成了瑞士卷。该店的瑞士卷直径4.9cm。

不同口味的蒙布朗

和栗蒙布朗
→P153

Marone
→P153

和栗千层派
→P153

栗子酱

材料（约400份）

栗子甘露煮（碎块）……………12kg
白巧克力（菲荷林［Felchlin］）…960g
无盐奶油（雪印乳业"特级奶油"）
……………………………………960g

栗子甘露煮是指在制造过程中被弄碎的栗子。产地无设限，以味道为第一考量，依采购的状况判断，使用最适合这个蒙布朗的栗子。

除了栗子之外，还有融化奶油液（上图）和白巧克力两种材料。奶油有助于栗子酱延展，还具有提高保湿性的效果。主厨使用水分低的无盐奶油。白巧克力是使用瑞士老店"菲荷林公司"的调温巧克力。乳味浓郁，但又不会太甜。

1. 擦干栗子甘露煮的水分，用搅肉机搅碎。

2. 用巧克力融锅加热一晚，将融成36℃的白巧克力一面过滤，一面加入融化的奶油中混合。若温度不控制在40℃以下，巧克力不会和融化的奶油液融合，这点须注意。

3. 在1中加入2，用电动搅拌机的中速搅打。充分混拌以免不均匀。若混拌时间太久则会变干燥，视状况以混拌15分钟为标准。

4. 用60号网目的网筛过滤。

卡士达酱

材料（备用量）

鲜奶………………………………1000ml
白砂糖……………………………250g
蛋黄………………………………135g
低筋面粉…………………………45g
玉米粉……………………………20g
香草棒（法国大溪地产有机产品）
…………………………………1/4根
朗姆酒（百加得（Bacardi）"Gold"）
…………………………………20ml

1. 将少量白砂糖放入鲜奶中融化，加入香草棒加热。因香草棒的豆荚香味浓郁，所以豆荚和种子一起加入。

2. 在蛋黄中加入剩余的白砂糖混合，再加入已混合过筛的低筋面粉和玉米粉混合。

3. 在2中加入1混合，用网筛过滤后放入锅中，中火加热至96℃以上，充分煮透，不残留颗粒。

4. 煮好后熄火，加入朗姆酒。倒入钢盆中，盆底下放上冰块使它急速冷却。

5. 将4挤入直径4cm、高2cm的圆筒形不沾模型中，盖上保鲜膜，放入冷藏库冷却至凝固。

海绵蛋糕

材料（52cm×36cm的烤盘2份）

全蛋 ·························520g
蛋黄 ·························180g
上白糖 ·······················250g
低筋面粉（日清制粉"Violet"）
·····························250g
蜂蜜 ························· 75g
鲜奶 ·························110ml
无盐奶油 ·····················110g
香草油 ························ 3g

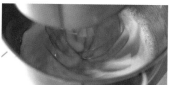

1. 将全蛋和上白糖放入搅拌缸中，加水搅拌，先用手拿着电动搅拌机将砂糖搅融。接着用搅拌机的中速搅打，起泡后转高速，再搅打至发泡。

2. 搅打至气泡变细泛白后加入蜂蜜（加热备用），接着加入香草油。

3. 打至八分发泡后转中速，调整质地后停止。

4. 慢慢加入低筋面粉，用橡皮刮刀充分混合，让面粉和面团融合。

5. 在热鲜奶中加入奶油使其融化，马上倒入**4**中，从底部开始混合。

6. 将**5**倒入铺了纸的烤盘上，用刮板刮至边角。底部垫上倒扣（放面团的烤盘下面，再加一块倒扣的烤盘）的烤盘，放入上火180℃、下火160℃的烤箱中，烘烤5分钟后打开风门，之后再烤13分钟（共计约18分钟）。将烤盘上下、左右旋转换位，以均匀烘烤。

7. 烤好后立刻脱模放到工作台上，以释出里面的蒸汽。用刀刮开四边，铺上纸喷上水，连纸一起倒扣到工作台上。暂放一下让蛋糕味道融合。

香堤鲜奶油
（加朗姆酒）

材料（14份）

47%鲜奶油 ···················· 100ml
白砂糖 ························· 5g
朗姆酒（百加得"Gold"）······10ml

1. 在鲜奶油中加入白砂糖，充分搅打至八九分发泡。

2. 加入朗姆酒混匀。

香堤鲜奶油

材料（14份）

47%鲜奶油 ····················70ml
白砂糖 ························ 3.5g

在鲜奶油中加入白砂糖，充分搅打至八九分发泡。

组合及装饰

1. 制作瑞士卷。撕掉海绵蛋糕的纸，剔除表面的烤皮，切成3等份，每一片17cm×36cm的大小。

2. 在纸上放置一片蛋糕，长边（36cm）的单侧边端如上图般斜切（为了让瑞士卷顺着曲线卷包到最后）。

3. 蛋糕上面涂满香堤鲜奶油（加朗姆酒），将没斜切的长边放在面前，再放上在2切下的蛋糕作为芯。

4. 将纸当作卷帘般使用来卷蛋糕。用纸紧实地卷好后，放入冷藏库中静置1小时。

5. 拿掉4的纸，两端切掉一些保持平整，每块间隔2.5cm宽切成14等份。刀子加热后再切会切得比较漂亮。

6. 瑞士卷的断面朝上放置。用装了星形挤花嘴的挤花袋挤上香堤鲜奶油（1个约挤5g）。

7. 将冷藏已凝固的卡士达酱从不沾模中取出，放到6上。

8. 将栗子酱放到大理石工作台上。制作时间太长，手的热度会使奶油和巧克力融化，使栗子酱品质变差，所以要尽快制作。

9. 先用手掌揉搓使它稍微含有空气。用刮板抹成薄片。这时，惯用手一侧要稍用点力，让栗子酱有薄厚的差异。

10. 刮板如旋转般移动，刮取栗子酱。

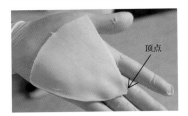

顶点

11. 图中是刮取的栗子酱。较薄处作为顶点，底边的曲线如展开的圆锥形。一个蒙布朗使用2片。

12. 将11的一片顶点朝上，沿着7的周围贴上去。

13. 上部朝下翻折，左右如图示般翻折。

14. 将另一片11，和13的栗子酱相对组合贴上。

15. 翻折上部和左右，形成山形。

浓稠的卡士达酱和
柔和风味的海绵蛋糕

这款蒙布朗，无论外型还是味道都前所未有。"小时候只要提到蒙布朗，就是指这款蒙布朗"第二代辻井良树总主厨说。由第一代辻井良明先生开发，创业时就开始销售的这款蒙布朗，是在瑞士卷中放入卡士达酱，周围覆盖上栗子酱薄皮。漂亮的黄色让人不禁想起日本昭和时期的蒙布朗，高雅的风味和"包覆"的外型，也让人联想到日式甜点，但是技术方面却是西式甜点的做法。据说它的三个部分全都加入"POIRE"的基本元素。

先介绍当作底座的瑞士卷。"POIRE"对于海绵蛋糕，除了讲究膨软、湿润外，还要"有味道"。"有味道"换句话说，就是让人感觉美味，另外还有种"Q弹"的口感。具体的做法是，在全蛋中加入蛋黄增加浓郁度，并用蜂蜜增加风味。使用有天然转化糖之称的蜂蜜，以及添加了转化糖的上白糖，其吸水特性能使蛋糕保持湿润口感。通过仔细打发让蛋饱含空气后，再慢慢加入低筋面粉，这项操作均由一人进行。因为一个人制作，才能够很细腻地斟酌、调整面粉的分量和混合的速度。加入鲜奶和奶油后，让面粉充分融合。蛋彻底打发，不必担心混合过度。在烘烤方法上也颇费工夫，例如加上倒扣的烤盘，或将烤盘旋转以免受热不均等。在海绵蛋糕上加入香堤鲜奶油制成瑞士卷。香堤鲜奶油中还加入了朗姆酒，这也是特色之一。

卡士达酱作为蒙布朗的内馅，主厨在其配方中加入鲜奶，并以低筋面粉和玉米粉增加黏性。不加奶油，而加入香草和朗姆酒。香草棒使用法国大溪地产的有机产品。朗姆酒使用百加得的"Gold"。

具有豪华感吃起来又清爽的鲜奶油，被称为"POIRE的卡士达酱"，拥有超高人气。因为黏稠、柔软，使用时要先放入不沾模型中冷冻凝固。

栗子酱
以白巧克力来调味

从选择栗子甘露煮开始制作栗子酱。该店从各地订购样品，由辻井总主厨和制造部副部长滩本健次郎主厨来挑选。挑选的前提并没有固定的产地、制造厂或糖度含量等具体的规则。在熬制情况等各种条件下，栗子味道和质感都会变化。因此选定的基准是"是否适合'POIRE'的蒙布朗"。主厨凭借经验来判断、挑选。

先以搅肉机搅碎栗子甘露煮，再用电动搅拌机搅打，之后加入融化的奶油和白巧克力。奶油使用水分低的产品，降低栗子酱中的水分，使它更容易延展，也使风味更浓郁。白巧克力使用瑞士菲荷林公司生产的调温巧克力。据说该店上一代老板用这款巧克力才研发出"POIRE"的蒙布朗，它是栗子酱中不可或缺的调味料。加入这种巧克力制成的栗子酱，味道浓厚、圆润，散发出乳香味。用电动搅拌机混合好后再用特别定作的过滤网过滤一次。尽管手工制作效率不高，但主厨表示"公司虽然发展壮大，但制作完成的栗子酱具有绵密的口感。

将栗子酱迅速抹成薄片，沿着瑞士卷和卡士达酱的周围贴上，顶端制成曲折的山形。栗子酱从延展开到制作完成，只花一分钟就能完成的人才能胜任这项工作，这种速度需要花很长的时间练习才能熟练掌握，这样的外形才是该店的代表作"POIRE的蒙布朗"。

重叠两种不同的鲜奶油
还能享受鲜奶油的口感

Arcachon

店长兼甜点主厨　**森本 慎**

蒙布朗

430日元／供应时间　全年

重叠栗子塔和杏仁蛋白饼，增加馅料分量，让人能享受口感上的变化。活用栗子的味道与风味，将它和栗子鲜奶油完美结合是制作的重点。

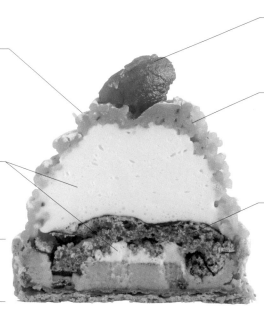

糖渍栗子

使用甜味和大小适中，意大利产的糖渍栗子作为装饰。

糖粉

糖粉是蒙布朗上不可或缺的装饰。以顶端为中心，整体都要撒上糖粉。

蒙布朗鲜奶油

栗子酱和鲜奶调和成的简单鲜奶油，运用朗姆酒提引出香甜味。

香堤鲜奶油

在鲜奶油中加入8％的砂糖，搅打至九分发泡制成。稍微冷冻凝固后，再挤上蒙布朗鲜奶油。

杏仁蛋白饼＋可可膏

散发杏仁香、口感酥脆的杏仁蛋白饼，表面裹上可可膏，能避免吸收水分。

栗子塔

酥皮面团＋
栗子蛋奶糊

减少甜度的酥皮面团，为追求酥脆的口感，擀薄后再烘烤。为了和两种鲜奶油保持整体感，塔中倒入绵细的栗子蛋奶糊，慢慢地烘烤凝固。蛋奶糊中使用法国制的栗子酱。

蒙布朗

材料和做法

栗子蛋奶糊

材料（10份）

栗子酱（Imbert公司）·············· 70g
白砂糖 ····························· 20g
高浓度鲜奶油 ······················ 50g
全蛋 ······························· 80g
鲜奶 ·····························100g
朗姆酒（黑）······················ 10g

1. 在钢盆中放入栗子酱、白砂糖和高浓度鲜奶油，用打蛋器充分混合。栗子酱容易结块，在加入液状材料前，要充分弄散使其变软备用。

2. 加入全蛋后再充分混合。

3. 加入鲜奶和朗姆酒充分混合。

酥皮面团
（pate a foncer）

材料（备用量）

低筋面粉 ·························900g
全麦面粉 ·························100g
盐 ······························· 20g
白砂糖 ····························· 15g
无盐奶油 ·························750g
蛋黄 ······························· 2份
鲜奶 ·····························100g

1. 在搅拌缸中放入低筋面粉、全麦面粉、盐和白砂糖，一边以低速搅拌，一边慢慢加入切成小丁的冰奶油。

2. 面团搅成松散状后，一次加入所有蛋黄和鲜奶混拌，直到整体融合。用保鲜膜包好，冷藏一晚使其松弛。

3. 将**2**取出，擀成2mm厚，用直径9cm的中空圈模割取。在直径7cm、高1.5cm的塔模中铺入烤焙纸，铺入割好的面团。放上镇石，再放入180℃的烤箱中烘烤25分钟。

烘烤栗子塔

1. 在酥皮面团中加入栗子蛋奶糊至九分满。

2. 放入180℃的烤箱中，烤15～20分钟后取出放凉。

杏仁蛋白饼

材料（45份）

蛋白霜	
┌ 蛋白	101g
│ 白砂糖	13g
└ 糖粉	84g
杏仁糖粉	118g
可可膏	适量

1. 在搅拌缸中放入蛋白和白砂糖，一面慢慢加速，一面充分搅打发泡。因白砂糖量很少量，所以先加入蛋白。

2. 加入糖粉，以高速搅打至十分发泡。

3. 从电动搅拌机上取下搅拌缸，加入杏仁糖粉，用橡皮刮刀混合。烘烤后，为了不让蛋白饼过度膨胀，充分混拌至让气泡破碎，备用。

4. 将3的面糊装入安装7号圆形挤花嘴的挤花袋中。烤盘上铺上烤焙垫，从中心呈螺旋状挤成直径4cm的圆形。面糊含有空气会向四周扩散，所以要挤小一些。

5. 放入150℃的对流式烤箱中，烘烤50~60分钟。

6. 可可膏隔水加热煮融，为防止吸收湿气，用毛刷在杏仁蛋白饼的表面涂一薄层可可。放入冷藏库或冷冻库冷却使其凝固。

蒙布朗鲜奶油

材料（10份）

栗子酱（上野忠"marron du patissier"）	350g
鲜奶	30g
朗姆酒（黑）	10g

1. 将全部的材料放入搅拌缸中。

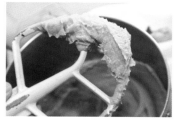

2. 用桨状拌打器以中速搅打至变绵细为止。

香堤鲜奶油

材料（1个约使用20g）

35%鲜奶油··················	适量
白砂糖 ··················	鲜奶油的8%

　　在钢盆中混合鲜奶油和白砂糖，用打蛋器搅打至九分发泡即可。

组合及装饰

材料

糖粉 ··················	适量
糖浆腌渍的糖渍栗子（破碎）	·适量

1. 在栗子塔上挤上少量香堤鲜奶油，粘上杏仁蛋白饼。在上面再挤上香堤鲜奶油（1个约20g）。放入冷冻库中稍微冷冻使它凝固。

2. 将蒙布朗鲜奶油装入安装蒙布朗挤花嘴的挤花袋中。如同覆盖香堤鲜奶油般，从下往上呈螺旋状无间隙地挤上鲜奶油。一口气挤出，绳状的鲜奶油才不会断掉，呈现美丽的外观。

3. 撒上糖粉，装饰上糖渍栗子。

两种鲜奶油重叠的
蒙布朗

在散发着浓厚古典氛围的"Arcachon"店内，除了蛋糕外，也提供本地甜点、面包、法式咸派等点心，但最具人气的是蒙布朗。

"蒙布朗虽说是以鲜奶油为主角的甜点，但我希望能够制作里面有更多馅料、人们能品尝到不同口感的蒙布朗。"店长兼主厨的森本慎如此表示。

森本先生不喜欢有很多鲜奶油的蒙布朗，他在学习制作栗子塔时，想到了"在里面挤入栗子鲜奶油"的办法。现在的蒙布朗，正是从当时的创意发展出来的产品，让人能同时享受到馅料与鲜奶油。

主厨希望人们首先注意到栗子塔的底座。在酥皮面团制成的塔皮中填入由栗子酱制作的栗子蛋奶液烘烤而成的底座，即使单独作为商品，也是一样的制作方法，它是这款蒙布朗的重要组成元素。

酥皮面团也用于法式咸饼等点心中，讲究松脆的口感，配方是在低筋面粉中加入10%的全麦面粉，面团擀成2mm的厚度，铺入模型中，烤好备用。

蛋奶糊是在栗子酱中混合蛋和鲜奶和高浓度鲜奶油制作而成，特色是香浓、细滑。考虑到鲜奶油的整体感，以及蒙布朗的口感，蛋奶糊要如同法式烤布蕾般慢慢地烘烤使其凝固。

制作蛋奶糊时，为了不让栗子酱结块，要一面仔细打散，一面从水分少的材料开始依次序加入。

森本先生在栗子塔的上面，还放上裹覆可可膏的杏仁蛋白饼，以增加馅料整体的分量。蛋白饼很常见，若直接使用会很乏味，因此，主厨在蛋白霜中加入杏仁糖粉，制成含杏仁香味与风味的杏仁蛋白饼。

杏仁蛋白饼的制要点是，加入杏仁糖粉后要混合至让气泡破碎，这样才能烤出不会过度膨胀，不易湿软、口感佳的蛋白饼。

表面若裹覆巧克力味道会太甜，所以选用可可膏。除了能够防止蛋白饼受潮外，酥脆的口感和少许的苦味及香味，与香甜细滑的鲜奶油形成对比，成为这款蒙布朗的重要特色。

每个部分
分别运用两种栗子酱

加入8%白砂糖的香堤鲜奶油，搅打至九分发泡以提高保形性，挤成形后，放入冷冻库稍微凝固后备用。

主厨尽量简化蒙布朗鲜奶油的做法，活用栗子酱本身的香味和黏性。用鲜奶调整硬度，用朗姆酒增加香味的同时以桨状搅拌器搅打至变得稍微黏稠即完成。

无任何添加物，能直接呈现栗子香味的朗姆酒绝不可少。

森本先生在塔的栗子蛋奶糊和蒙布朗鲜奶油中，分别使用了栗子酱。

蛋奶糊中添加砂糖、香料和法国Imbert公司的栗子酱。法国制栗子酱的质感、味道和香味等整体都很优良，而且产量稳定。

蒙布朗鲜奶油使用日本公司制造的、只在蒸栗中加入砂糖的天然栗子酱。这种栗子酱不仅具有栗子原有的丰富美味，味道纤细而且方便操作，深受主厨青睐。

活用和栗的风味与香味
重视食材的品质

Il Fait Jour

店长兼主厨　宍户 哉夫

蒙布朗

473日元／供应时间　全年

该店追求的蒙布朗，能让顾客享受到和栗的风味与香味。里面放入柔软的栗子慕斯，能弥补和栗酱的粗糙口感，独特的造型，也给人留下深刻的印象。

糖粉

将糖粉撒在挤成褶边的栗子酱的上面，像是山上环状袅绕的云。

栗子涩皮煮

为保持慕斯的形状，放入切半的栗子涩皮煮。

蒙布朗慕斯

减少吉利丁的量，完成柔软度近似鲜奶油的慕斯。使用法国制的栗子酱，呈现高雅风味。

香堤鲜奶油

挤上大约2g的量，作为蒙布朗慕斯和杏仁蛋白饼的连接部分。

香堤鲜奶油

用圣托诺雷挤花嘴挤成顺滑的外型（乳脂肪成分42%）。

日产栗子酱

使用和栗制作的无糖栗子酱，以鲜奶调整硬度。栗子酱的和栗，每年严选优良产地的产品。因水分含量不同，所以用鲜奶来调整硬度。

蒙布朗巧克力

只涂在杏仁蛋白饼上面的苦巧克力。栗子和巧克力组合，能呈现类似"烤栗"的味道。

蒙布朗杏仁蛋白饼

蛋白饼让整体更添浓郁风味，以不影响和栗风味的杏仁蛋白饼作为底座。

不同口味的蒙布朗

圣母峰
→P152

材料和做法
蒙布朗

蒙布朗杏仁蛋白饼（约110份）

杏仁粉 ···································· 130g
糖粉 ·································· 70g
蛋白霜
  ┌ 蛋白 ·························· 200g
  └ 白砂糖 ······················ 200g

1. 杏仁粉和糖粉混合过筛备用。
2. 蛋白和白砂糖放入电动搅拌机中，搅打至尖端能竖起的九分发泡程度。
3. 在2中加入1，用刮板如切割般混拌。
4. 在装上15号圆形挤花嘴的挤花袋中装入3，在烤盘上挤上直径5.5cm的圆形。
5. 放入160℃的烤箱中烤约50分钟，放凉备用。

蒙布朗慕斯
（直径5.2cm的马芬不沾模型约25份）

A
  ┌ 38%鲜奶油 ···················· 40g
  └ 海藻糖 ···················· 40g
吉利丁片 ························ 2.5g
栗子酱（沙巴东公司〔Sabaton〕）
···································· 200g
35%鲜奶油 ···················· 400g
朗姆酒（Dillon） ·············· 10g
栗子涩皮煮 ·················· 模型1.5个

1. 在锅里放入A，加热至80℃。
2. 在1中加入已泡水（分量外）回软的吉利丁，加热至煮沸前。
3. 将2与栗子酱放入电动搅拌机中，搅打稀释栗子酱。
4. 将3倒入钢盆中，加入搅打至七分发泡的鲜奶油和朗姆酒，用打蛋器如切割般混拌。
5. 将4挤到不沾模型中，放入切半的栗子涩皮煮，用急速冷冻机急速冷冻。

香堤鲜奶油（备用量）

42%鲜奶油 ···················· 1000g
白砂糖 ·························· 80g
香草精 ·························· 少量

将材料放入电动搅拌机中，搅打至八分发泡。

蒙布朗巧克力（备用量）

55%巧克力 ···················· 100g
可可膏 ·························· 100g

将巧克力和可可膏切碎，调温使其融化。

日产栗子酱（约32份）

和栗酱（只使用无糖栗的产品）
···································· 1000g
鲜奶 ·························· 适量

1. 鲜奶煮沸。
2. 和栗酱弄散放入电动搅拌机中，一面加入1已经煮沸的鲜奶，一面调整硬度，至容易挤制的状态。

组合及装饰

糖粉（防潮型） ·············· 适量

1. 在蒙布朗杏仁蛋白饼的烘烤面上，用毛刷薄涂蒙布朗巧克力。
2. 巧克力凝固后，挤上香堤鲜奶油约2g，再放上脱模的蒙布朗慕斯。
3. 在装上半排挤花嘴的挤花袋中装入日产栗子酱，在2的周围如覆盖般从下往上挤。
4. 以玫瑰挤花嘴，在上部用栗子酱挤出皱褶。在中央用圣托诺雷（Saint-honore）挤花嘴挤上香堤鲜奶油，最后撒上糖粉。

以苦巧克力调味
品尝"烤栗"的风味

"Il Fait Jour"坐落在日本神奈川县郊区的住宅区，现由第二代的宍户哉夫主厨接手，提供特色商品。主厨对食材极端讲究：蛋严选早晨刚采收的红壳蛋，盐使用日本给宏德的盐，香草挑选法国大溪地产最高级的香草荚等。除了这些基本材料外，该店还提供使用大量当令水果、活用食材制作的甜点。

该店的招牌商品蒙布朗，全年都是人气商品。主厨的目标是制作活用和栗特有风味与香味的蒙布朗。

蒙布朗表面的日产栗子酱所使用的栗子，据说是严选自最富栗子香味与味道的产品。

"食用时栗子酱最先入口，所以我要特别讲究美味。即使是同产地的栗子，也会因气候条件等因素而有差异。我大多使用日本熊本、爱媛和茨城产的产品，但产地并不固定，每年我都要通过栗子的香味和松软感亲自选择产品。"宍户主厨表示。据说，该店通常是购买粗滤网滤过的无糖和栗酱，只有在栗子产季时，该店才会自制栗子酱。

这种和栗酱是以稀释鲜奶制作而成，因季节和产地的不同，栗子酱的水分也有差异，所以鲜奶量要视情况调整，以容易挤出的硬度为标准。要保有栗子原有的风味与口感，这也是制作的重点。

制作时，表面裹上日产栗子酱，里面从下往上分别是杏仁蛋白饼、微量的香堤鲜奶油，以及放入栗子涩皮煮的栗子慕斯。选用杏仁蛋白饼的原因，除了它能发挥和栗纤细的味道外，还能适度增加浓郁风味。

杏仁蛋白饼的上面，涂一薄层苦巧克力，不仅能够防潮，还有增添风味的作用，这也是该店蒙布朗的特色之一。

"涂上苦巧克力，吃整个蛋糕时，还能享受到'烤栗'般的口感。而且，它还有凸显风味的效果。"宍户主厨说。为避免巧克力的味道影响栗子的风味，诀窍是只用毛刷涂上极薄的一层。

个性化设计
经典甜点令人印象深刻

在杏仁蛋白饼的上面，挤上少量香堤鲜奶油后，再放上栗子慕斯。

为了不破坏日产栗子酱的风味，主厨组合口感轻柔、风味高雅的栗子慕斯。慕斯的吉利丁控制在最少的量，完成后近似鲜奶油的柔软度。该店为了提高保形性，里面还放入切半的栗子涩皮煮，然后急速冷冻。

慕斯中使用的栗子酱不是和栗，而是法国沙巴东公司的产品。为了使蒙布朗的口味更有层次，使用不同口感和风味的栗子酱产品，为的是让蒙布朗的风味更有层次。

个性十足的造型，能激发顾客对经典甜点蒙布朗产生兴趣。用玫瑰挤花嘴将日产栗子酱挤出褶边，再撒上糖粉，制作出袅绕在山边的环状云的样子。另外，用圣托诺雷挤花嘴挤上比拟雪的香堤鲜奶油，主厨以自我独特的感性来诠释蒙布朗给人的雪山印象。个性十足的外观，留给人深刻的印象，它也是该店人气商品的原因之一。

调和洋栗与和栗的味道
口感绵细的栗子鲜奶油

Archaïque

店长兼甜点主厨　高野　幸一

蒙布朗

450日元／供应时间　全年

蒙布朗外表有混合了适量法国制栗子酱及和栗酱、能显现两者
风味的栗子鲜奶油，中心也加入栗子鲜奶油以增添浓郁风味。

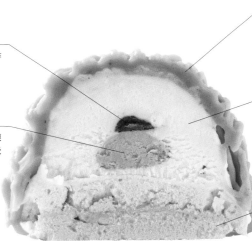

栗子鲜奶油（装饰用奶油）

混拌时要避免空气进入，以完成口感黏稠、细滑的装饰用鲜奶油。加入法国制栗子酱及和栗酱混合而成。

和栗涩皮煮

放入一块和栗涩皮煮，作为口感的重点。

香堤鲜奶油

将乳脂肪成分42%的鲜奶油搅打至八分发泡，用甜菜糖增加甜味。为避免形状崩塌，搅打变硬后放入模型中冷冻。

栗子鲜奶油

用奶油增添浓厚美味的栗子鲜奶油，是能让人充分享受栗子美味的制作方法。

蛋白饼

烘烤成口感细致、松脆的蛋白饼。为了能持续保持松脆口感，以低温慢慢地将水分烤干。

不同口味的蒙布朗

Chamonix
→P153

Ardéchois
→P153

材料和做法
蒙布朗

蛋白饼（约160份）

蛋白 ························· 600g
白砂糖 ······················ 1050g
糖粉 ························ 225g

1. 在搅拌缸中放入蛋白，一面分**3**次加入白砂糖，一面以中速搅打发泡。产生黏性后转低速，搅打发泡直到砂糖融化。
2. **1**的白砂糖融化后，从搅拌机上取下，加入糖粉用手混匀。
3. 在装了13号圆形挤花嘴的挤花袋中装入**2**，在烤盘上挤成直径5㎝的圆形。
4. 放入120℃的烤箱中烘3～4小时，放凉备用。

栗子鲜奶油（装饰用）

（备用量）

栗子酱（Imbert公司） ·········· 2000g
和栗酱（日本爱媛县产／Maruya "冷冻栗金团"） ·················· 1000g
栗子鲜奶油（Imbert公司） ··· 1000g
35%鲜奶油 ················ 1200g

1. 将栗子酱、和栗酱和栗子鲜奶油，用低速的浆状拌打器混拌至无颗粒。
2. 鲜奶油煮沸。
3. 在**1**中一面分数次加入**2**，一面以低速混拌以免空气进入。

栗子鲜奶油（备用量）

栗子酱（Imbert公司） ·········· 1000g
无盐奶油 ···················· 600g
鲜奶 ······················ 100ml
朗姆酒 ····················· 100ml
和栗涩皮煮 ··············· 1个放1/4颗

1. 栗子酱、奶油、鲜奶和朗姆酒用电动搅拌机混匀。
2. 用8号的圆形挤花嘴，挤成1个7～8g的圆形，放上和栗涩皮煮，放入冷冻库中冷冻。

香堤鲜奶油
（1个使用20g）

42%鲜奶油·····················适量
甜菜糖 ······················加8%糖

用电动搅拌机将材料搅打成八分发泡。

组合及装饰

1. 在直径5㎝的球状模型中挤入20g香堤鲜奶油，和栗头朝下放入冷冻过的栗子鲜奶油中，再放入冷冻库中冷冻。
2. 将球状模型泡入热水中取出**1**，球面朝上放到蛋白饼上。
3. 从上面用压筒在左右挤上栗子鲜奶油，蛋糕方向转**90**度，同样在左右挤上鲜奶油（1个约40g）。

以栗子鲜奶油
增加风味

2004年，"Archaïque"在日本埼玉县川口市开业，2012年秋天迁至附近。该店除了有丰富的甜点种类外，同时还推出口味众多的面包，使该店汇集了超高的人气。该店现在提供三种蒙布朗，包括从秋天到春天的限定品、以和栗酱制作的蒙布朗"Chamonix"；使用法国产高级栗子制作的"Ardéchois"；以及全年供应，也是该店招牌的"Mont blanc"（蒙布朗）。

"Mont blanc"的底部是蛋白饼，中间是香堤鲜奶油，外侧是栗子鲜奶油，特色是具有圆顶状的可爱外型。

外观虽然朴素，但每个部分却极费心思，里面的组成也丰富多元，顾客对这款蒙布朗印象深刻。

这款蒙布朗最具特色的是香堤鲜奶油的中间还放入了栗子鲜奶油，和周围的栗子鲜奶油口味不同，它以法国制栗子酱、奶油、鲜奶和朗姆酒打发而成，等于是"奶油风味的栗子鲜奶油"。蒙布朗中除了有香堤鲜奶油，还加入了奶油味浓郁的栗子鲜奶油，形成特色风味。

此外，只有香堤鲜奶油，外型容易崩塌，在中心放入栗子鲜奶油，有帮助保形的效果。栗子鲜奶油里还放入1/4个和栗涩皮煮，以添加栗子的口感。

栗子鲜奶油不打发
以呈现浓厚的栗子风味

此外，挤在周边的栗子鲜奶油，是在栗子酱等材料中混入鲜奶油而成。栗子酱是用法国制以及和栗制作的日本产品两种混合而成。

"法国制栗子酱味道浓重，和柔和风味的和栗酱，刚好能完美融合。我的目的是在法国甜点的栗子风味中，让人还能感受到淡淡的和栗风味。"高野幸一主厨表示。和栗使用Maruya公司生产，以日本爱媛县产和栗制作的"冷冻栗金团"栗子酱。如果甜味太重会使栗子味变淡，所以主厨选用糖度较低的产品。

法国制栗子酱使用Imbert公司的产品，但主厨觉得它不够细滑，因此加入鲜奶油进行稀释制作重点是鲜奶油不打发，为避免混入空气，以桨状搅拌器低速混拌。此外，加酒会使和栗的味道变淡，所以装饰用鲜奶油中不加朗姆酒。

铺在蒙布朗底部的蛋白饼，在组装过程中即使受潮也要保持酥脆的口感，烘烤就成了关键。蛋白霜放入120℃的烤箱中慢慢烘烤3～4个小时，目标是烤到蛋白饼里面呈现淡淡的黄褐色。这样做即使经过长期放置，蛋白饼依然酥脆且不会太甜。

蛋白饼上面的香堤鲜奶油，以鲜奶油充分搅打至八分发泡制成，即使再放上栗子鲜奶油，形状也不会坍塌，然后冷冻。砂糖使用甜菜糖，能增加甜味。

"无论法国制栗子酱还是和栗酱，都具有栗子特有的美味"。高野主厨说他设计这款蒙布朗内馅的初衷，是想让顾客轻松享受栗子的美味。即使是招牌甜点，每年也会微调配方，不过却从未改变这款蒙布朗的配方，而且这也是高野主厨喜爱的一道甜点。

遇到无糖的和栗酱而研发
表现手法很新颖的蒙布朗

W. Boléro

店长兼甜点主厨　**渡边 雄二**

圣维克多（Sainte Victoire）

441日元／供应时间　9月至次年5月

　　将法国甜点视为欧洲文化范畴之一的渡边雄二主厨，极端讲究正统原味。但是，该店目前推出的是稍稍偏离正统的"创新版"蒙布朗。

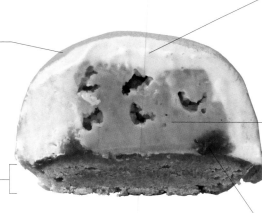

香堤鲜奶油

比起乳脂肪成分的数字，主厨更重视风味，这不会破坏栗金团风栗子酱的味道。风味清淡的鲜奶油，使用日本本州生产的牛奶加6%的糖搅打至九分发泡制成。

巧克力喷雾

映照夕阳的岩山设计，利用着色巧克力来表现。巧克力和可可奶油混合后，再加入黄色的着色可可奶油，调整成"晚霞"的感觉。

栗金团风栗子酱

日本爱媛县产的和栗酱"媛栗"和卡士达酱混合，制作成栗金团风的栗子酱。为了呈现轻盈的口感，冷冻后加工成碎片状。

塔

**法式甜塔皮＋
栗子杏仁奶油馅**

为呈现酥松的口感，塔皮面团尽量不搅拌，压制成薄薄的法式甜塔皮，塔皮中挤入栗子杏仁奶油馅后，烘烤成塔。上面还刷上雅马邑白兰地酒V.S.O.P的糖浆。

糖渍栗子

糖渍栗子是栗金团风栗子酱的馅料。将以糖渍栗子的加工法制作的意大利产糖渍碎栗切粗粒后，以拿破仑·雅马邑白兰地酒增加香味。

材料和做法
圣维克多

法式甜塔皮（直径7cm、高1cm的塔模型430份）

发酵奶油 900g
糖粉（纯糖粉） 570g
盐（细盐／法国给宏德产）........ 3g
香草糖（自制） 6g
杏仁粉（意大利西西里岛产）...180g
全蛋 366g
中筋面粉（T55·Pâtissière）
.... 1500g

1. 用电动搅拌机将发酵奶油搅打成乳脂状，加入糖粉、盐和香草糖混合。
2. 加入杏仁粉混合。
3. 分3次加入打散的蛋汁混合。
4. 整体混合后加入中筋面粉，混匀。
5. 将4擀成3mm厚，装入塑料袋中密封，急速冷冻。
6. 冷冻至快要结冰时（若已完全冷冻，让它自然解冻至快要结冰的状态），用压面机一次压成1.66mm厚。放入冷冻库松弛。
7. 将6铺入塔模型中，冷冻。冷冻后，将模型倒扣，以避免冷冻保存时塔皮变干燥。

栗子杏仁奶油馅（10份）

杏仁鲜奶油（※）......................150g
栗子酱（Imbert公司） 75g

※杏仁鲜奶油（备用量）
无盐奶油 1350g
糖粉（纯糖粉）...........................1650g
全蛋 1240g
杏仁粉 1650g
玉米粉 100g

1. 在回到常温的奶油中加入糖粉，用电动搅拌机搅拌成乳脂状。
2. 慢慢加入打散的蛋汁混合，使其充分乳化。这时，奶油和蛋都保持在26℃（不依照温度制作材料会分离，这点须留意）。
3. 杏仁粉、玉米粉混合过筛，加入2中混合拌匀。

栗子酱用电动搅拌机搅打变柔软，加入杏仁鲜奶油混合。

湿润用糖浆（配方）

糖浆（※）....................................100g
雅马邑白兰地酒（Armagnac）V.S.O.P 100g

※"栗金团风栗子酱"中使用Marron Royal公司生产的"Marrons débris"（碎栗）罐头里的糖浆。

将糖浆和雅马邑白兰地酒以1:1的比例混合。

栗金团风栗子酱（85份）

和栗酱（冷冻／日本爱媛县产／米田青果食品"媛栗"） 2000g
卡士达酱（※）..........................1000g
糖渍栗子（碎栗／Marron Royal公司"Marrons débris"） 1000g
拿破仑·雅马邑白兰地酒 ....适量

※卡士达酱（备用量）
鲜奶（高梨乳业"北海道3.7鲜奶"） 1800g
发酵奶油 150g
蛋黄 400g
白砂糖 400g
低筋面粉（日清制粉"Violet"） 110g
香草棒 1根

1. 在铜锅里放入鲜奶、奶油和剖开的香草棒，开火加热。
2. 在钢盆中放入蛋黄和白砂糖，用打蛋器搅拌混合。
3. 在2中加入低筋面粉搅拌混匀。
4. 将1煮沸后，加入3中混合，一面过滤，一面将1倒回锅里，再加热。
5. 从锅底充分搅拌，混合到厚重度变轻后，一面混合，一面煮15~20分钟。
6. 用保鲜膜密封，放凉后放入冷藏库保存。

1. 将常温的和栗酱和卡士达酱，用电动搅拌机搅打混合。
2. 放入铺了塑料布的方形浅钢盘中，擀成1~2cm厚，急速冷冻。
3. 待2冷冻后，用30号网目的粉筛将它过滤成碎片状，再急速冷冻。
4. 糖渍栗子切粗粒，加入雅马邑白兰地酒。
5. 在上面直径5cm、高3cm、底面直径3.5cm的不沾模型中，轻轻地放入3，放入4，再放入3（不沾模型约七分满），再急速冷冻。

香堤鲜奶油（10份）

35%鲜奶油（中泽"Crème H"）
.... 300g
白砂糖 18g

鲜奶油中加入白砂糖，钢盆下面放着冰水，然后用电动搅拌机搅打至九分发泡。

巧克力喷雾（配方）

巧克力（调温巧克力）
 ┌70%巧克力 50g
 └40%巧克力 50g
可可奶油 50g
着色可可奶油（黄色）（※）...适量

※自己制作时，相对于可可奶油的量，加入15%量的油性色素使其融化。

1. 巧克力和可可奶油隔水加热融化。
2. 慢慢加入融化的着色可可奶油，增加颜色。

组合及装饰

榛果（烤过） ....适量
巧克力装饰.....................................适量

1. 在烘烤塔的前一晚，在冷冻状态的法式甜塔皮中，挤入杏仁奶油馅，放入冷藏库备用。
2. 第三天早上，将1放入155℃的对流式烤箱中烘烤25分钟。稍微放凉后，刷上湿润用糖浆，放凉。
3. 将冷冻的栗金团风栗子酱，从不沾模型中取出，放到2的上面。
4. 在3上覆盖香堤鲜奶油，用抹刀修整成岩山的形状。
5. 整体喷上巧克力喷雾。
6. 在5上面装饰上1颗榛果和一片巧克力装饰。

活用和栗的意象
栗金团风栗子酱

渡边雄二主厨认为"蛋白饼、香堤鲜奶油及栗子"是法国甜点蒙布朗蛋糕的三项基本元素，因此，蛋白饼、香堤鲜奶油一定要美味。传统的制作方法很难达到主厨的满意度，因此主厨放弃制作传统的蒙布朗。

和栗酱一般都会加糖，不过日本爱媛县产"媛栗"制的冷冻栗子酱不加糖。当渡边主厨看到和栗酱"媛栗"之后，开始思索是否能制作其他类型的蒙布朗。

栗金团（像金子一样的栗子料理）比栗子鲜奶油具有更强烈的和栗意象，因此主厨决定制作栗金团风格的栗子酱。和栗的味道没有洋栗浓郁，加入奶油后和栗的风味会变淡，因此主厨选用卡士达酱。但是，经过熬煮的卡仕达酱质地较硬，加入和栗酱中时整体仍很厚重。为了呈现舒爽口感，栗子酱冷冻后用粉筛加工成碎片状，饱空后放入不沾模型中再次冷冻。作为馅料的碎片状栗子酱，中间加入糖渍栗子。糖渍栗子以拿破仑·雅马邑白兰地酒增加香味、呈粗末状的意大利产糖渍栗子。

以栗金团风栗子酱作为中心，底部是塔，周围覆盖着香堤鲜奶油，外表喷上泛黄的褐色巧克力喷雾。渡边主厨表示他之所以这样设计，一是考虑到许多顾客只凭是蒙布朗蛋糕，就会购买，蒙布朗的销量和其他甜点的销量无法保持平衡。二展售期间在表面挤上的鲜奶油会变干，酒的香味也会散失，为此，这款蒙布朗外表覆盖香堤鲜奶油。

酥松的塔和
风味清爽的香堤鲜奶油

底座的塔，是在法式甜塔皮中加入由栗子酱和杏仁鲜奶油混合成的栗子杏仁奶油馅制作而成。栗子酱是使用保持栗子原味的Imbert公司的产品，杏仁鲜奶油使用含玉米粉的配方，重点是，让奶油和蛋充分乳化，为此奶油和蛋都要保持在26℃。奶油和蛋若没乳化好，烘烤时就会融化。为了呈现法式甜塔皮的酥松口感，主厨将材料混合后，立刻擀成3mm厚放入冷冻库中，在解冻至像刚冷冻的状态时，用压面机碾压成1.66mm厚，只需碾压一次。

主厨分别选用不同的雅马邑白兰地酒，保湿用有新鲜水果风味的V.S.O.P，馅料中则用味道圆润的拿破仑，以保持味道的平衡。

覆盖栗子酱的香堤鲜奶油，选用的鲜奶油是关键。乳脂肪成分只是选用的标准之一，乳味太重会覆盖栗子的纤细风味，所以主厨使用日本本州生产的鲜乳制品。这种鲜奶油较难打发，用手握式电动搅拌器充分搅打至九分发泡时盆底需放冰水。为避免搅打过度，渡边主厨用手工操作。

装饰方面，主厨喷上自制的巧克力喷雾。这款蒙布朗的名字"圣维克多"（Sainte Victoire），是普罗旺斯地区著名的岩山，而蒙布朗的外观正表现是出该山的夕阳景致。为了不让人一眼认出是蒙布朗甜点，主厨不使用栗子，而改用榛果和巧克力作为装饰。

以基本做法
最大限度地展现材料的美味

Pâtisserie
JUN UJITA

店长兼甜点主厨　宇治田　润

蒙布朗

500日元／供应时间　秋季至次年春季

底座是普通的蛋白饼。以栗子鲜奶油裹住以发酵奶油增添风味
与浓郁度的栗子慕斯和香堤鲜奶油，是更加凸显传统元素的美味。

糖粉

撒上不易融化的防潮糖粉，以表现山顶上的积雪。

栗子鲜奶油

栗子鲜奶油和鲜奶油以等比例混合，让人直接感受到栗子的美味。

香堤鲜奶油

乳脂肪成分47%的鲜奶油中，加入糖分10%并充分打发的鲜奶油。

和栗涩皮煮

放入慕斯的中心，呈现栗子的存在感。

底座用蛋白饼

只用蛋白和砂糖制作的蛋白饼，更加凸显栗子的香味。

慕斯

栗子酱中加入卡士达酱和意大利蛋白霜制成慕斯。用发酵奶油制作，使风味与浓郁度更醇厚。

蒙布朗

底座用蛋白饼（50份）

蛋白 ································· 300g
白砂糖 ····························· 600g

1. 将蛋白和白砂糖充分搅打发泡制成蛋白饼。
2. 在烤盘铺上矽胶烤盘垫，将1用圆形挤花嘴挤成直径5cm，放入130℃的对流式烤箱中，打开风门烘烤2小时。

慕斯（50份）

卡士达酱（※1）················· 750g
发酵奶油 ···························· 300g
栗子酱（沙巴东公司）········· 225g
意大利蛋白霜（※2）··········· 200g
和栗涩皮煮························· 50颗

※1 卡士达酱（备用量）

鲜奶 ································· 500g
蛋黄 ································· 120g
白砂糖 ······························ 120g
高筋面粉 ····························· 50g
发酵奶油 ····························· 50g

1. 在锅里加热鲜奶，煮沸后熄火。
2. 在钢盆中放入蛋黄和白砂糖搅拌混合泛白后，加入过筛的高筋面粉混合。
3. 加入1混合后，倒回锅里，加入奶油再开火加热。一面不停地搅拌，一面煮至滚沸。倒入方形浅钢盘中，用保鲜膜密封，再进行急速冷冻。

※2 意大利蛋白霜（备用量）

蛋白 ································· 70g
白砂糖 ······························ 140g
水 ··································· 45g

1. 将蛋白充分搅打发泡成较硬的蛋白霜。
2. 同时进行把白砂糖和水加热至120℃，制成糖浆。
3. 在1中一面慢慢加入糖浆，一面充分搅打至发泡。

1. 在弄松散的卡士达酱中，加入相同柔软度的奶油，用橡皮刮刀混合。
2. 加入弄松散的栗子酱混合。
3. 制作意大利蛋白霜，加入2中如切割般混合。
4. 在变凉的底座用蛋白霜中，放入1颗和栗涩皮煮，如覆盖般用圆形挤花嘴挤上3，放入冷冻库冷冻凝固。

香堤鲜奶油（备用量）

47%鲜奶油（高梨"特选北海道纯鲜奶油47"）····················· 适量
白砂糖 ··············· 鲜奶油10%的量

混合材料搅打至九分发泡。

栗子鲜奶油（备用量）

栗子鲜奶油（沙巴东公司）····· 适量
38%鲜奶油（高梨）············· 适量
※以等比例混合。

相同分量的栗子鲜奶油和鲜奶油混合，搅打发泡至变得绵细。

组合及装饰

组合及装饰

糖粉（防潮型）···················· 适量

1. 在挤上慕斯的冰凉的蛋白饼上，用圆形挤花嘴薄挤上香堤鲜奶油，用蒙布朗挤花嘴挤上栗子鲜奶油以覆盖整体（1个约40g）。
2. 撒上糖粉。

深度展现
传统甜点才有的奥妙乐趣

"Pâtisserie JUN UJITA"于2011年11月开业，当时展售的甜点都是造型简单的甜点。主厨以前在镰仓的法式甜点店工作时，以多彩元素组建华丽的甜点而闻名，如今主厨改变了想法。

宇治田主厨表示"法国古典、传统的做法深深地吸引了我"。蒙布朗散发一股"法国"特有的味道——底座是蛋白饼，之后简单地组合鲜奶油和栗子鲜奶油。主厨如此认为"栗子鲜奶油能够让人感到满足才算美味"。

例如，若在布列塔尼酥饼或玛德莲蛋糕中加入杏仁粉，香味都会变浓郁，也可以保存得更长久。不过主厨认为，基本的蛋、奶油、粉和砂糖搭配出美味的甜点，才是制作甜点的妙趣所在。主厨认为传统甜点做法能直接发挥食材味道。

蒙布朗是该店的热销商品，许多客人都是老主顾。

主厨曾在叶山的老店"圣路易岛"（Ile Saint-Louis）及"Sadaharu AOKI Paris"等许多名店磨炼技术，他以"圣路易岛"的蒙布朗味道为基础，制作出具有自己风格的蒙布朗。在2013年春季之前，都是在薄酥皮中挤入杏仁鲜奶油后烘烤，再组合香堤鲜奶油和栗子鲜奶油制成蒙布朗。

"但是，我希望制作不使用薄酥皮和杏仁鲜奶油的蒙布朗"主厨表示。

主厨认为，采用流行食材和新的组装方式做出和大家一样的甜点，不能呈现蒙布朗原有的特色。

重视蒙布朗的特色
和呈现季节感

该店进行产品更新后，自2013年秋天开始供应"像蒙布朗的蒙布朗"——底座使用蛋白饼。主厨认为蒙布朗还是适合组合蛋白饼。据说他很喜欢蛋白饼吸收了鲜奶油的水分后，酥松又略带湿气的口感。

"我觉得不管是泡芙皮还是千层派的派皮，稍微吸收鲜奶油水分后的状态才美味"主厨表示，所以他不采取收到订单才挤鲜奶油的做法，而是完整做好后直接放在展示柜里销售。蛋白饼虽会受潮，但为了保留酥脆口感，蛋白饼增加了厚度。

底座放上和栗涩皮煮，再包裹上栗子风味的慕斯。慕斯中使用的栗子酱是沙巴东公司的产品。提起蒙布朗，大家常会联想到沙巴东公司的栗子酱和鲜奶油的味道。从整体的构成来看，慕斯的分量并不多，但奶油和卡士达酱具有强化栗子风味的效果。

表面的栗子鲜奶油，同样是用沙巴东公司的栗子鲜奶油和乳脂肪成分38%的鲜奶油以等比例混合，搅打发泡而成，完成后栗子的味道丰厚，口感轻盈。

"为了不让基本材料的味道变淡，我去除多余的部分和装饰"主厨说，这款甜点直接传达栗子的风味与香气，充分展现出蒙布朗的特色。

宇治田主厨很重视店内的展示和商品整体呈现出的季节感，虽然全年都有制作蒙布朗的食材，不过该店仍坚持只在秋季至次年春季的栗子产期才制作蒙布朗。

经由反复筛选的元素构成
彻底提引出栗子的风味与香味

Pâtisserie
Les années folles

店长兼甜点主厨 **菊地 贤一**

蒙布朗

500日元／供应时间　全年

底座使用肉桂风味的酥片。栗子奶油酱中，重叠卡士达酱、香堤鲜奶油以及杏仁鲜奶油，以凸显栗子的美味。

糖粉

撒上不易融化的防潮糖粉来表现雪景。

香堤鲜奶油

在乳脂肪成分38%的清爽鲜奶油中，加入10%的糖，再以香草精增加风味。

卡士达酱

加入温润柔和的卡士达酱，增加风味和口感上的变化。

40%牛奶巧克力

具有黏合酥片和杏仁鲜奶油的作用，以及增加风味变化的效果。

瑞士蛋白饼

虽然是很小的元素，但质地细致。酥松轻盈的口感，成为重点特色。

栗子奶油酱

使用法国Imbert公司的栗子酱和栗子泥，加入奶油增加浓郁风味，再加入威士忌来提升香味。

和栗涩皮煮

日本爱媛县和高知县产的和栗涩皮煮，以黑朗姆酒腌渍后使用。

杏仁鲜奶油

烘烤后刷上朗姆酒，呈现令人冲击的风味，为了使口感、味道、香味和外观增加变化，特别组合杏仁鲜奶油这个元素。

酥片

肉桂风味和酥脆口感，令人印象深刻的酥片展现特色。

材料和做法
蒙布朗

酥片（5份）

无盐奶油	45g
红糖	45g
A	
低筋面粉	45g
杏仁粉	45g
肉桂粉	1.5g
盐之花（Fleur de sel）	0.2g

1. 乳脂状的奶油中加入红糖搅拌混合。
2. 加入预先过筛混合的A和盐之花，用刮板如切割般混合。
3. 将2的面团混成一团后，用手揉搓成大小均匀松散的颗粒状。
4. 烤盘上铺上矽胶烤盘垫，放上直径5cm的中空圈模，放入约3mm厚的3，用手轻压。
5. 放入160℃的对流式烤箱中烘烤上色（约15分钟），稍凉后脱模。

杏仁鲜奶油（40份）

无盐奶油	45g
白砂糖	45g
全蛋	45g
杏仁粉	48g
朗姆酒（黑兰姆）	适量

1. 用打蛋器将稍硬的乳脂状的奶油搅拌变细滑。加入白砂糖混合。
2. 蛋打散，加入1整体量的1/3充分混合。一面让材料充分混合，一面再加1/3量的蛋汁充分混合。重复这项操作，分别加入蛋汁3~4次后，搅拌成细滑状态。为避免材料分离，加入蛋汁时，一定要混匀后再加入下一次的蛋汁。
3. 一次加入全部的杏仁粉轻轻混合，直到混合均匀。
4. 在不沾模型中，用圆形挤花嘴将3挤成直径3cm，放入170℃的对流式烤箱中烤10分钟。烤好后立刻刷上朗姆酒。

卡士达酱（10份）

鲜乳	100ml
香草棒	少量
蛋黄	20g
白砂糖	22g
低筋面粉	5g
玉米粉	5g
无盐奶油	16g

1. 将香草棒纵向剖开，香草豆和豆荚一起放入鲜奶中，加热至快煮沸前熄火。
2. 在钢盆中加入蛋黄打散，一次加入白砂糖搅拌至泛白为止。
3. 加入预先过筛混合的低筋面粉和玉米粉混合。
4. 加入1混合，倒回滤锅中。开中火加热，一面熬煮，一面用打蛋器不停混拌，以免烧焦。从鲜奶油变硬时开始，再次一面充分混合，一面加热至细滑状态，这是检验完成与否的标准。
5. 倒入方形浅钢盘中形成一薄层，表面用保鲜膜密封，再急速冷冻。

香堤鲜奶油（8份）

38%鲜奶油	100g
白砂糖	10g
香草精	少量

混合所有的材料搅打至八分发泡。

栗子奶油酱（5份）

栗子泥（Imbert公司）	100g
栗子酱（Imbert公司）	100g
威士忌	4g
无盐奶油	60g

1. 栗子泥用橡皮刮刀搅拌变绵细后，加入栗子酱搅拌至无颗粒，用网筛过滤。加入威士忌酒增加香味。
2. 在其他的钢盆中放入无盐奶油，用打蛋器搅拌成乳脂状，加入1混合。

瑞士蛋白饼（50份）

蛋白	100g
白砂糖	200g

1. 在蛋白中加入白砂糖，一面混合，一面开火加热。煮到50℃后搅打发泡，充分发泡后离火，变凉。
2. 在烤盘中铺入矽胶烤盘垫，用圆形挤花嘴将1挤成小的水滴形。放入70℃的平窑烤箱中，切断电源，直接让烤箱余温来烘干蛋白饼。

组合及装饰

40%牛奶巧克力	适量
和栗涩皮煮	1.5颗
糖粉（防潮型）	适量

1. 在酥片中央涂上融化的牛奶巧克力，放上杏仁鲜奶油，挤上卡士达酱覆盖。
2. 放上和栗涩皮煮，将香堤鲜奶油挤成圆顶状放在顶上。
3. 用蒙布朗挤花嘴呈螺旋状，在2的上面挤上栗子奶油酱。撒上糖粉后，再装饰上瑞士蛋白饼。

以现代的感觉
重新制作传统的法国甜点

店名中的"Les années folles"在法语中指"狂乱的时代"，大约是指在第一次世界大战结束后至爆发世界大萧条的1920年。

菊池贤一主厨关注那个充满自由与活力，孕育多彩文化的华丽年代，并选择它作为店名。

"本店标榜复古时尚，不是只重现传统的法国甜点。比起微调客人要求的味道和口感，我更想重新构建更美味的甜点。"菊池贤一主厨表示。

菊地主厨在尊重法国甜点传统的同时，还赋予甜点时代感，主厨将蒙布朗作为该店的首推产品之一，从开店至今一直全年供应，而且不论任何季节都使用具有相同品质的材料，吸引了许多回头客。

寻求食材和组装方法
完成令人百吃不厌的味道

"我喜欢去探寻感觉"菊地主厨表示探索食材、烹调法和组合方法，让他非常快乐。

水果、坚果等因品种和产地的不同，味道和香味也各不同；不同的巧克力或酒类产品，也各有特色。主厨尝试以烤、蒸、煮等各种烹调法，找出能发挥食材特色的最佳方法。组装时，除了强调各食材、各元素的原味外，也考虑到整体的平衡与协调。

主厨不喜欢味道浓重、太甜的元素，他希望组合不同的味道、口感和形式，制作出吃到最后一口都不会觉得甜腻的甜点。

"因为蒙布朗能充分地表现栗子的味道和香味，所以每个部分的口感、形式和组装方式，我都会试验无数次，以期达到最佳。"

构成要素之一的蛋白饼，吸收鲜奶油的水分后会变湿润，因此主厨将其放置在上部，以发挥蛋白饼特有的口感。挤成水滴形烤干的蛋白饼装饰在顶端，兼具酥松口感和可爱造型。

主厨经过多次试做后发现，法国制栗子酱的浓厚风味，适合搭配散发肉桂风味、口感酥脆的酥片，以此作为底座。

蒙布朗中还放入具有湿润口感和可爱外型的杏仁鲜奶油。不过主厨打破常规做法，将它挤制成圆形，叠在酥片上面，烘烤后立刻刷上朗姆酒，增加冲击口感。和栗涩皮煮和杏仁鲜奶油的两个半球形还会叠出微笑图案。

香堤鲜奶油是用乳脂肪成分清爽的鲜奶油经充分搅打发泡让它饱含空气，并以香草精增添香味而成。

选用具有丰厚欧洲栗味道与风味而闻名的法国Imbert公司的栗子泥及栗子酱，以等比例混合而制成的栗子奶油酱，为了提高浓郁度还加入奶油，最后加入威士忌增添香味。

在法国，Sébastien Gaudard先生是享誉国内外，备受瞩目的甜点师傅之一。菊地主厨拥有在Gaudard先生的巴黎店研修的经验，用威士忌凸显栗子鲜奶油味道的手法就是从那里学来的。

酥片的肉桂、杏仁鲜奶油的朗姆酒、香堤鲜奶油的香草棒、栗子奶油酱的威士忌，各种香味重叠组合，使蒙布朗的风味更浓厚。

现在，主厨仍会购入各地的栗子，以各种烹调法进行加工、试作，若研发出更好的材料，未来将推出更美味的蒙布朗。

和果子感觉的栗子鲜奶油和
加盐的香堤鲜奶油，增加浓厚美味

Pâtisserie **Rechercher**

店长兼甜点主厨 村田 义武

蒙布朗

500日元／供应时间 9月至次年3月

　　许多店都像制作西式甜点般来运用栗子，主厨珍惜的是日本人对栗子的感觉，希望鲜奶油呈现和果子般的"黏稠感"，完成这款独树一格的蒙布朗。

糖粉

　　使用装饰用糖粉。稍微多撒一些，以呈现山顶皑皑白雪的意象。

蒙布朗鲜奶油

　　以洋栗为主角，以和栗表现栗子风味，类似和果子栗子馅感觉的栗子鲜奶油。口感与其说像鲜奶油，倒不如说像馅料，给人以浓缩栗子风味的印象。

榛果蛋白饼

　　以加入榛果粉，里面彻底烤透的意大利蛋白霜制作而成。在蒙布朗整体中，具有凸显口感的作用，给人强烈的存在感。配方、厚度和烘烤法都经过仔细计算，呈现如黏韧焦糖般的质地。

盐味香草香堤鲜奶油

　　加了盐的香堤鲜奶油能提引栗子鲜奶油（蒙布朗鲜奶油）的栗子甜味与风味。为了配合栗子鲜奶油的浓度，以呈现整体感，里面还加入高浓度鲜奶油和自制的香草糖，使味道变得浓郁。

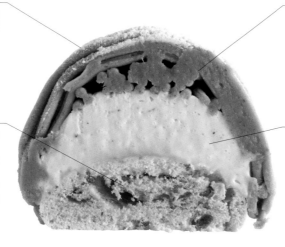

材料和做法
蒙布朗

榛果蛋白饼（40份）

意大利蛋白霜

蛋白	200g
白砂糖	400g
水	80g
糖粉	80g
榛果粉（连皮）	80g

1. 将糖粉和榛果粉混合过筛备用。
2. 将白砂糖和水熬煮至120℃制成糖浆，慢慢加入用电动搅拌机搅打发泡的蛋白，制成意大利蛋白霜。
3. 等2发泡产生黏性后，混合1。
4. 用圆形挤花嘴将3挤成直径4.5cm。
5. 放入130℃的烤箱中烘烤2小时，烤好后变成直径约6cm。

盐味香草香堤鲜奶油（30份）

47%鲜奶油	300g
白砂糖	15g
高浓度鲜奶油	50g
盐	1g
香草糖（自制）	1大匙

混合全部的材料搅打至八分发泡。

蒙布朗鲜奶油（30份）

栗子酱（沙巴东公司）	800g
和栗酱（日本爱媛县和熊本县产的栗子混合制品）	200g
栗子鲜奶油（Imbert公司）	200g
无盐奶油	200g

1. 栗子酱用桨状拌打器搅拌变柔软。
2. 在1中混入和栗酱，再加入栗子鲜奶油，搅拌至无颗粒为止。
3. 奶油搅拌成乳脂状，加入2中充分混合。

组合及装饰

糖粉（饰用糖粉〔poudre d'ecor〕）
⋯⋯⋯⋯⋯⋯⋯⋯⋯⋯⋯⋯适量

1. 榛果蛋白饼上挤上盐味香草香堤鲜奶油。
2. 在装了粗孔蒙布朗挤花嘴的挤花袋中装入蒙布朗鲜奶油，如同覆盖1般改变方向从反方向来重叠挤制。
3. 撒上糖粉。

使用和栗及洋栗
完成湿润的鲜奶油

村田义武主厨说："我忘不了吃'Angelina'的蒙布朗的感觉。它的做法简单又具稳定感，还有让人食指大动的美味度。"他以当时受到的冲击感作为目标，每年不断改良自家店的蒙布朗。

主厨认为要珍惜日本人对栗子的印象，他以那样的感觉为基础来建构味道，他想象的蒙布朗就像和果子。

在如栗金团或蛋黄馅般黏稠口感的栗子鲜奶油（蒙布朗鲜奶油）中，组合盐味香堤鲜奶油，使蒙布朗呈现出浓厚的栗子风味。底部的蛋白饼中，以榛果增加香味，同时让口感具有变化。不使用酒，他认为酒会破坏栗子的香味。根据和果子的形象来制作的蒙布朗备受好评。

用和栗及洋栗两种栗子酱来制作栗子鲜奶油。虽然和栗最适合表现日本人心目中对栗子的印象——松绵的口感和香味——不过和栗酱容易变干、口感变粗糙。为了防止栗子酱变干，保持绵细的口感，需加入奶油，但加入量过多，会削弱栗子的风味。因此，主厨决定混合水分较大的西式栗子酱。他选用法国沙巴东公司的栗子酱，此栗子酱易与和栗组合。而和栗酱选用香味和口感皆具鲜明栗子感、混合日本爱媛县及熊本县产的涩皮和栗制作成的产品。

最初，主厨将和栗与洋栗以等比混合，虽然以和栗来表现"栗子感"，不过栗子鲜奶油的浓郁香味会越来越淡，因此，主厨改以洋栗为主，其余食材不变。为了调整栗子鲜奶油的柔软度和味道，添加Imbert公司制的栗子鲜奶油和奶油，搅拌时注意别混入太多空气，以免削弱栗子鲜奶油的风味。

香堤鲜奶油中加入盐
风味更浓郁

蒙布朗是适合秋、冬季节的甜点，主厨采用日本人使用栗子的方法以增添浓郁风味。栗子不只用于制作甜点，也能用于料理中，水煮时也会加盐。不过，若直接在栗子鲜奶油中加盐，味道显得单调；若直接在香堤鲜奶油中加盐，食用时口感不一。同时，为了让两种鲜奶油融化的时间一致，整体均衡，所以主厨加入和栗子鲜奶油的浓度相近的高浓度鲜奶油，让它和栗子鲜奶油。

不采用口感松脆、轻盈型得蛋白饼，而是采用加入榛果粉，内部烤成焦糖状的意大利式蛋白饼，这种蛋白饼还具有凸显鲜奶油的作用。主厨很重视蛋白饼的口感和香味。口感方面，外表咬感酥脆，但嚼碎后会感觉黏韧。焦糖般的质地是制作的重点，蛋白饼要烤到剥开时焦糖化的中心能牵丝的程度，诀窍是蛋白霜要涂厚一点。此外，连皮碾制的榛果粉，也能增添香味。

主厨认为栗子鲜奶油的存在感很重要，挤上大量鲜奶油还能呈现轻盈感。用蒙布朗挤花嘴挤制栗子鲜奶油，线状的鲜奶油重叠能形成空隙，使鲜奶油口感更轻盈。为此，蒙布朗挤花嘴要选择口径大一点的，能重叠挤上更多鲜奶油的造型。味道方面，主厨逐年确认栗子产品的状态，让蒙布朗变得更美味，造型则是从未改变。

以瑞士卷作为底座，
追求令人怀念的高雅风味

Parlour Laurel

副主厨　武藤　康生

蒙布朗

480日元／供应时间　全年

　　已传承三代，拥有许多老主顾的Parlour Laurel，不论任何年代都追求人们热爱的蒙布朗。以栗子瑞士卷作为底座，挤上使用和栗的鲜奶油，呈现柔和的美味。

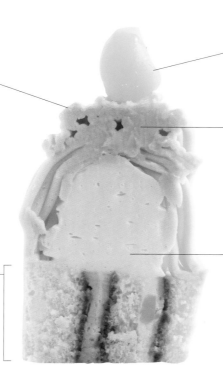

糖渍和栗（黄栗）

切成三角形，在表面涂上果冻胶增加光泽。

糖粉

撒上不易融化的糖粉。

蒙布朗鲜奶油

以奶油增加适当的浓厚度。口感细绵的鲜奶油，使用糖渍和栗及和栗酱，充分呈现栗子的风味。以黄栗为基本材料，呈现淡雅柔和的颜色也深具魅力。

香堤鲜奶油

为了在浓郁风味和爽口好食用之间取得平衡，混入乳脂肪成分43%～44%的鲜奶油后使用。

瑞士卷

蛋糕＋
和栗酱＆鲜奶油＋
香堤鲜奶油＋
糖渍和栗（黄栗）

湿润的蛋糕上，涂上和栗酱、鲜奶油和香堤鲜奶油，撒上碎糖渍黄栗，以增加口感。底座采用瑞士卷，希望老少咸宜。

 材料和做法
蒙布朗

蛋糕（60×40cm烤盘1片份）

蛋黄	9份
上白糖	37g
蛋白霜	
┌ 蛋白	162g
└ 上白糖	75g
低筋面粉	48g
无盐奶油	37g

1. 将蛋黄和上白糖混合加热至37°，用电动搅拌机搅打发泡至泛白为止。
2. 将蛋白霜用的蛋白和上白糖，放入其他的搅拌机中搅打至八分发泡，制成蛋白霜。
3. 在1中一面慢慢加入筛过的低筋面粉，一面用橡皮刮刀混合。混合后，一面加入融化奶油液，一面混合。
4. 在3中一面分数次加入2，一面如切割般混合。
5. 在铺了卷包纸的烤盘上倒入4，放入200℃的烤箱中烤7～8分钟，从烤盘取出后，放凉备用。

香堤鲜奶油（瑞士卷用和挤制用共约40份）

45%鲜奶油	232g
42%鲜奶油	216g
白砂糖	29g

将两种鲜奶油放入电动搅拌机中，加入白砂糖。瑞士卷用是搅打至七分发泡，挤制用是搅打至九分发泡。

蒙布朗鲜奶油（约35份）

糖渍和栗（黄栗）	680g
和栗酱	296g
35%鲜奶油	172g
朗姆酒（黑）	12g
无盐奶油	204g
乳玛淋	39g

1. 将糖渍和栗、和栗酱、鲜奶油和朗姆酒放入高速粉碎机中，搅打至变绵细为止。
2. 倒入电动搅拌机中，加入搅打成乳脂状变柔软的奶油和乳玛淋，乳化后过筛备用。

组合及装饰

（9份）

和栗酱	40g
35%鲜奶油	15g
糖渍和栗（黄栗）	适量
糖粉（防潮型）	适量
果冻胶	适量

1. 将蛋糕切成24×21cm，烘烤面涂上和栗酱与鲜奶油混合成的材料，上面薄薄地涂上搅打至七分发泡的香堤鲜奶油。在整体上撒上用手弄碎的糖渍和栗，卷包成蛋糕。
2. 将1切成2.6cm宽，将1块瑞士卷放平，用6－10号的星形挤花嘴将搅打至九分发泡的香堤鲜奶油挤成4cm高（1个约9g），放入冷藏库冷藏约20分钟。
3. 蒙布朗鲜奶油在挤制前，用电动搅拌机搅打泛白，以蒙布朗用挤花嘴1个挤32g。
4. 撒上糖粉，装饰上切成三角形的糖渍和栗，在栗子表面涂上果冻胶。

广受各时代日本人喜爱的
清爽风味蒙布朗

"Parlour Laurel"于1980年开业。目前，在该店担任副主厨的武藤康生先生，以店长兼主厨的父亲邦弘先生为标杆，一面严谨制作日本人爱吃的清爽型蛋糕，一面纳入自己学自法国、比利时的洗练精致甜点，让人享受到丰富多样的风味。

这款蒙布朗于1990年左右开发成功。"它不是传统的形式，我希望制作出只属于本店的特有风味。"康生先生基于这样的想法开始开发。他使用适合日本人味觉的"和栗"，开发出独具一格的蒙布朗。

底座不用蛋白饼，而选择瑞士卷。

武藤副主厨说："本店的顾客，许多都是年长者，或是带着孩子的家庭。因此，我希望制作出老少咸宜、风味清爽的蛋糕，这种做法也得到了顾客的认可。制作时考虑到食用方便，因此底座选择瑞士卷。"

副主厨对于瑞士卷的做法是，直接保留蛋糕卷的烘烤面，涂上一薄层以鲜奶油稀释的和栗酱及香堤鲜奶油，再撒上碾碎的糖渍黄栗，增加口感。将瑞士卷的切面朝上放置，再挤上降低甜味的香堤鲜奶油。鲜奶油太浓郁不爽口，副主厨将两种混合达到适度的平衡，乳脂肪成分调整成43%～44%，以呈现细致的口感。

栗子重新以糖浆腌渍
花工夫降低糖度含量

蛋糕卷挤上香堤鲜奶油后，先放入冷藏库中冷却凝固，再挤上蒙布朗鲜奶油。

该店蒙布朗鲜奶油中所用的，是以日本产糖渍黄栗为基材，再加上日本高知四万十川的和栗酱。副主厨使用两种栗子酱，希望顾客能同时享受两种栗子的风味。

但是，糖渍黄栗的糖度大约是45度，直接使用味道太甜会掩盖掉其他食材的味道。模糊掉食材的味道。因此，主厨先取出黄栗，在剩下的糖浆中加入适量的水煮沸，直到糖浆的糖度降至35度，然后再将黄栗放回，重新腌渍三天调整成适合的甜味。

两种栗子、鲜奶油和朗姆酒一起用高速粉碎机搅拌。变细滑后，加入增加浓郁度用的乳脂状奶油和乳玛淋，混合乳化，再用网筛过滤彻底消除粗糙口感，然后才用蒙布朗挤花嘴挤上。以黄栗为基材，呈现柔和的黄色色感，口感也柔软绵细。至此，风味柔和清爽的蒙布朗才大功告成。

蒙布朗放入冷藏柜中保存，鲜奶油通常会变干。该店的蒙布朗因为使用瑞士卷，未长时间冷冻，使用时会保持柔软口感。店内还附设茶饮区，顾客在店内食用时，副主厨为了让顾客吃到最佳美味，让蛋糕尽量回温。

这款蒙布朗是位于"Parlour Laurel"销售排行榜榜首的商品。据说比同样是招牌甜点的奶油蛋糕的人气还高。

"本店的蒙布朗，小孩、老人都能安心食用，因而广受好评。"武藤副主厨说。

该店蒙布朗的特色是具有令人怀念的柔和风味，是该店的特有商品。据说副主厨仍会配合时节微调配方，在连常客都没发觉的范围内改进美味。在这样的努力下，才打造出了这款保持长销、绝无仅有的蒙布朗。

适中的甜度和
独特的设计引人注目

Pâtisserie LACROIX

店长兼甜点主厨　山川　大介

蒙布朗

520日元／供应时间　全年（夏季除外）

具有奶油酱感觉的浓郁栗子鲜奶油，让人能享受到慢慢变绵细的口感。虽然甜但余韵佳，略带咸味……依照甜点制作原则，根据精心研究的配方制作而成。

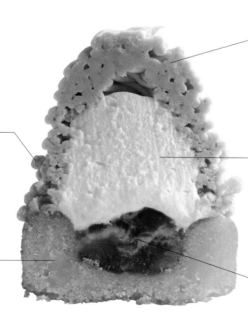

蒙布朗鲜奶油

以法国Marron Royal公司生产的栗子鲜奶油与栗子酱等比例组合，再加入发酵奶油和乳脂肪成分47％的鲜奶油，完成后味道香醇浓郁。

爆米花

带咸味的爆米花，能凸显甜味。味道和创意两者都是蛋糕的重点特色。

香堤鲜奶油

这是加入鲜奶油的一成量砂糖的甜味香堤鲜奶油。利用朗姆酒的效果，让人觉得味道不浓腻。

费南雪蛋糕

为避免影响栗子鲜奶油的风味，不用焦化奶油液，而用融化奶油液来制作。

糖渍栗子

每个蛋糕中，放入一颗甜度适中、风味如新鲜糖渍栗子般的意大利Agrimontana公司生产的糖渍栗子。

蒙布朗

费南雪蛋糕（直径7cm、高2.4cm的萨瓦兰蛋糕模型48份）

冷冻蛋白	500g
蜂蜜	200g
白砂糖	500g
杏仁粉	200g
低筋面粉	200g
融化的发酵奶油	50g

1. 将蛋白、蜂蜜和白砂糖混合，用打蛋器混拌。不是搅打发泡，而是混拌消除蛋白的韧性。
2. 将杏仁粉和低筋面粉混合过筛，加入1中混合。
3. 将融化奶油液加入2中混合，放入冷藏库一晚使其松弛。
4. 将3放入萨瓦兰蛋糕模型中至八分满。
5. 烤箱上、下火都以200℃先预热备用。放入4，将上火、下火都降至185℃烘烤15分钟，反转烤盘再烤6~7分钟。

蒙布朗鲜奶油（48份）

栗子鲜奶油（Marron Royal公司）	500g
栗子酱（Marron Royal公司）	500g
发酵奶油	300g
47%鲜奶油	100g

1. 将栗子鲜奶油与栗子酱混合，用电动搅拌机的中速混合均匀。
2. 奶油放在室温中回软搅拌成乳脂状（但是，奶油过度融化香味会散失，所以变软至容易混合的程度即可）。
3. 在1中加入2，以中速直接搅拌至泛白为止。
4. 加入鲜奶油混合。

香堤鲜奶油（48份）

38%鲜奶油	650g
白砂糖（微粒）	65g
朗姆酒（Negrita Rum）	32g

全部的材料放入电动搅拌机中，以中速搅打成含有空气的七八分发泡。须注意，发泡程度太软，蛋白质和水分容易分离坍塌。

组合及装饰

（48份）

糖渍栗子（Agrimontana公司）	48颗
爆米花	适量

1. 爆米花烤成焦褐色，放凉备用。
2. 在费南雪蛋糕的凹陷处，放上一颗糖渍栗子。
3. 在装了10号圆形挤花嘴的挤花袋中装入香堤鲜奶油，在费南雪蛋糕上挤成山形。挤在费南雪蛋糕边缘稍微内侧处，之后较容易挤蒙布朗鲜奶油。至此，先放入冷冻库中冷冻凝固。
4. 在装了蒙布朗挤花嘴的挤花袋中装入蒙布朗鲜奶油，在2的周围呈螺旋状挤出高度。开始挤制时注意不要溢到外面。
5. 将1黏在蒙布朗鲜奶油的下部周围。

栗子鲜奶油味道浓厚
呈现奶油酱的风味

陈列在"LACROIX"店内的许多冷藏类甜点，都被誉为法国甜点，不过究竟其中加入了何种要素，才呈现出"LACROIX"的特有风格呢？这款蒙布朗，除了承袭栗子和朗姆酒的经典组合外，底座采用费南雪蛋糕，周围还装饰上爆米花。从造型上，也能让人一眼认出是"LACROIX"的蒙布朗，它是该店的人气商品。

山川大介主厨制作甜点时，会先构思。源自经验和记忆中的味道设计出的甜点，为确认配方主厨会试作一两次。制作蒙布朗时也是如此，构思的样子和最后成品之间的差异点，只在于成品加入了爆米花。

担任主角的栗子鲜奶油（蒙布朗鲜奶油），是用Marron Royal公司的栗子鲜奶油与栗子酱，以1：1的比例混合制作而成。主厨也试过用Marron Royal公司以外的产品，不过他觉得其他产品的味道都太浓，所以选择这款已加糖又有水果味的产品。

山川主厨认为栗子鲜奶油的感觉要像奶油酱。奶油酱在冷冻的状态下，能够让人品尝到一种浓缩的美味，随着升至常温，还能享受到逐渐变软的绵细口感。主厨希望栗子鲜奶油也能呈现这样的美味。和其他商品一样，奶油选用发酵奶油，并加入乳脂肪成分47%的高脂鲜奶油来增添浓郁度。主厨认为奶油能衬托栗子的风味。

香堤鲜奶油中
加入不影响栗子风味的朗姆酒

山川主厨使用朗姆酒的目的是为了调整蛋糕整体的甜味。虽然主厨也有加入栗子鲜奶油的做法，但考虑到栗子的风味和朗姆酒的香味会相冲，所以采用加入香堤鲜奶油的做法。除了不影响栗子的风味外，香堤鲜奶油中含有朗姆酒香，不但能让人们更清楚地感受朗姆酒，而且口感不会太甜腻。如今，香堤鲜奶油采用较甜的配方：鲜奶油中加入一成比例的砂糖。山川主厨说："我没想过要减少甜味。吃的时候觉得味道太甜，是因为甜味太突出。若整体能达到平衡，就不会凸显甜味。"朗姆酒使用Negrita Rum，能够有效发挥其浓郁的风味与香气。

不影响栗子鲜奶油的口感，底座选用费南雪蛋糕。主厨认为蛋白饼太轻盈有种不协调感，而费南雪蛋糕黏稠的口感和栗子鲜奶油的口感最相似，所以选用费南雪蛋糕。费南雪蛋糕作为烘烤类甜点时使用奶油焦糖液制作，不过制作蒙布朗的费南雪蛋糕使用的是融化奶油液，是因为主厨不希望奶油焦糖的香味破坏了栗子鲜奶油的风味。用萨瓦兰蛋糕模型烤好后，在中央的凹陷处放上一颗糖渍栗子。糖渍栗子采用减少甜味、充分展现栗子风味的、Agrimontana公司的产品。

费南雪蛋糕上面放上大量加了朗姆酒的香堤鲜奶油，周围再挤上栗子鲜奶油。最后，在山脚部分装饰上爆米花。最初主厨认为爆米花这种米食材和蒙布朗味道相ближ。试做之后发现，盐味不仅成为绝佳的重点，而且为了延缓受潮经过烘烤过后，金黄的色泽也很漂亮。于是，造型独特又有即视感的蒙布朗便完成了。

甜味纤细的和栗鲜奶油和
芳香的蛋白饼衬托出轻爽美味

Matériel

店长兼甜点主厨　**林　正明**

蒙布朗

420日元／供应时间　全年

　　为强调和栗的味道，主厨在使用和栗酱制成的栗子鲜奶油和栗子香堤鲜奶油中，组合了杏仁蛋白饼。虽然简单，但主厨仍不断追求更高的完美度。

糖粉

在顶端撒上不易融化的防潮糖粉，以表现雪的意象。

杏仁蛋白饼

烘烤至焦糖化、散发浓郁香味，且具有丰盈的杏仁风味。

和栗涩皮煮

将和栗涩皮煮先冷冻，再解冻，呈现柔软的口感。

香堤鲜奶油

在乳脂肪成分稍高的鲜奶油中，加入脱脂浓缩乳，制成浓郁又轻爽融口的香堤鲜奶油。

栗子香堤鲜奶油

在和栗酱中，混合迪普洛曼鲜奶油、香堤鲜奶油和鲜奶油，完成浓郁、爽口的栗子香堤鲜奶油。

栗子鲜奶油

在迪普洛曼鲜奶油中，加入3倍量的和栗酱，让人充分感受到细滑、浓郁的栗子风味。

不同口味的蒙布朗

巴黎淑女蒙布朗
→P152

材料和做法

蒙布朗

香堤鲜奶油（备用量）

42%鲜奶油	1kg
脱脂浓缩乳	30g
白砂糖	75g

混合全部的材料充分搅打发泡。

迪普洛曼鲜奶油（备用量）

卡士达酱（※） ……………………适量
香堤鲜奶油
（参照"香堤鲜奶油"）
………………… 卡士达酱的1/2量

※卡士达酱
（完成约1kg）

鲜奶	610g
42%鲜奶油	190g
香草棒	1根
蛋黄	160g
白砂糖	200g
低筋面粉	32g
玉米粉	32g

1. 在锅里放入鲜奶、鲜奶油，以及从剖开的香草棒中刮出的香草豆和豆荚，加热煮沸。
2. 同时进行，在蛋黄中加入白砂糖，充分搅拌混合成泛白的乳脂状。加入预先过筛混合的低筋面粉和玉米粉混合。
3. 在2中慢慢加入1混合，一面用网筛过滤，一面倒回锅里。以大火加热，一口气煮至完全没有粉末感。倒入方形浅钢盘中，用保鲜膜密封，再急速冷冻。

将卡士达酱打散成容易使用的硬度，加入香堤鲜奶油，用打蛋器充分混匀。

栗子鲜奶油（约80份）

和栗酱	720g
迪普洛曼鲜奶油	
（参照"迪普洛曼鲜奶油"）	240g

将松散的和栗酱和迪普洛曼鲜奶油混合至变细滑。

杏仁蛋白饼（约80份）

蛋白	200g
白砂糖	400g
杏仁粉	50g

1. 将蛋白和白砂糖200g搅打发泡制成硬式蛋白霜。
2. 加入剩余的白砂糖200g和杏仁粉，用橡皮刮刀充分混合。
3. 在烤盘中铺上烤焙纸，用圆形挤花嘴挤成直径4.5cm的圆形，在加热过已熄火的烤箱中静置一晚干燥。
4. 次日，放入150℃的对流式烤箱中烘烤约30分钟，至焦褐色。

栗子香堤鲜奶油（约80份）

和栗酱	2236g
迪普洛曼鲜奶油（参照"迪普洛曼鲜奶油"）	600g
42%鲜奶油	314g
香堤鲜奶油（参照"香堤鲜奶油"）	1120g

将全部的材料混合至变细滑。

组合及装饰

（约80份）
和栗涩皮煮（※沥出糖浆冷冻，再解冻使用） ……………………80颗
杏仁蛋白饼（碎成一口大小的量）
………………………………适量
糖粉（防潮型） ………………适量

1. 在杏仁蛋白饼上，用圆形挤花嘴挤上一层薄薄地栗子鲜奶油。
2. 在直径5cm的圆顶形不沾模型中，挤入香堤鲜奶油至六分满，中央放入和栗涩皮煮。
3. 将1的栗子鲜奶油侧朝下，放到2上，放入冷冻库中冷冻凝固。
4. 将3脱模，杏仁蛋白饼侧朝下。用圆形挤花嘴，在表面挤上栗子香堤鲜奶油，在顶点挤上香堤鲜奶油。装饰上杏仁蛋白饼，撒上糖粉。

作为栗子甜点的代表
分为全年商品和限定品

以制作日本人喜爱的纤细、轻盈甜点而广受大众好评的"Matériel"，共推出两款蒙布朗。一种是以和栗制作，用圆形挤花嘴挤出令人印象深刻的粗条栗子香堤鲜奶油的"蒙布朗"；另一种是以洋栗制作，具有抢眼的时尚金字塔造型的"巴黎淑女蒙布朗"。

"我很尊重法国甜点的传统。"林正明主厨表示，严格说起来，蒙布朗不属于法国甜点的范畴，相较之下它属于餐后甜点。

"制作栗子类甜点时，能让人充分感受栗子风味的蒙布朗，它已成为法式甜点店的必备商品"。

此外，主厨认为蒙布朗是备受男女老幼喜爱的人气商品，在经营上也占有重要地位。

该店的"蒙布朗"具有较高的人气，全年供应，而"巴黎淑女蒙布朗"则是9月至次年3月期间的限定商品。

能够彻底呈现和栗美味的
简单配方

首先是食材，林主厨说："若有好食材，配方简单。若使用进口的海外栗子产品，为了使味道均匀，能灵活组合巧克力或焦糖等其他味道，最好活用和栗的原味，不添加其他东西。"该店的"蒙布朗"配方，就是要让顾客更鲜明地感受到和栗独特的甜味和芳香。

主厨使用具有松绵口感特色的日本熊本县产的和栗酱。栗子香堤鲜奶油的做法是：在栗子酱中只加入迪普洛曼鲜奶油、鲜奶油和香堤鲜奶油，不用利口酒来增加香味。制作诀窍是：在迪普洛曼鲜奶油中加入香堤鲜奶油时不过度混拌，变细滑即可，以免口感变得粗涩。

作为底座的杏仁蛋白饼，材料也只有蛋白、砂糖和杏仁粉，但是经过彻底烘烤，成为芳香四溢的焦糖状。

这款蒙布朗的特色是口感柔软、容易食用，主厨花工夫将和栗涩皮煮先冷冻再解冻，使口感变柔软，以便和其他部分保持平衡。

黏合杏仁蛋白饼和和栗涩皮煮，重点是加入栗子鲜奶油。栗子鲜奶油是和栗酱和迪普洛曼鲜奶油以3∶1的比例混合制成，具有浓厚的栗子风味。

每个部分虽然简单，但都要经过细腻的处理操作所以顾客能享受到不同风味的和栗口感。

此外，主厨每天都会微调配方，不惜花费功夫和时间，致力于追求呈现更美味的蒙布朗。

对于"巴黎淑女蒙布朗"，主厨说："最初是以餐后甜点的角度来研发制作的。希望让顾客享受到食材调和的美味"，这款蒙布朗组合了法国栗子、日本栗子、牛奶巧克力，以及和核桃的味道相融的多种食材。

制作方法是，将迪普洛曼鲜奶油及和栗酱混合后挤入圆形模型中，最后裹上和栗涩皮煮，放入冷冻库冷冻凝固。

底座的蛋糕和其上面涂抹的巧克力淋酱中都使用核桃，利用香味来适度地调和甜味。

延续法国古典甜点
凸显店家个性的蒙布朗

Pâtisserie La Girafe

店长兼甜点主厨　本乡 纯一郎

蒙布朗

535日元／供应时间　全年

　　在Girafe法式甜点店，每种甜点都有明确的造形，蒙布朗的特色是"地道传统的法国甜点"。它基本的构成是浓厚入口即化的鲜奶油和蛋白饼。

糖粉

承袭法国的蒙布朗甜点做法，撒上糖粉。使用装饰用的不易融化的糖粉。

栗子鲜奶油

用西班牙产栗子酱和鲜奶油混合而成。为了制作浓郁、厚重的鲜奶油，鲜奶油不打发，煮沸后加入其中，以排除栗子酱中的空气。威士忌和蒙布朗的定番组合——朗姆酒一起加入其中，让人感受到浓郁的栗子香味。

蒙布朗蛋白饼

搅打发泡变硬的蛋白霜，以低温慢慢烘烤变干。烤得像马卡龙一样出现蕾丝边，表面不龟裂。它的最大的特色是耐潮。

香堤鲜奶油

将乳脂肪成分42%的鲜奶油搅打至八分发泡（实际使用的是47%和37%的鲜奶油混合成约42%的浓度）。这样的分量，除了表现蒙布朗的"鲜奶油感"外，和栗子鲜奶油和蒙布朗蛋白饼，同时也能保持入口即融的均衡口感。

材料和做法

蒙布朗

蒙布朗蛋白饼（50～55份）

蛋白 ·································· 156g
白砂糖 ······························ 273g
糖粉 ······························· 58.5g

1. 用电动搅拌机搅打蛋白，打散。
2. 蛋白搅打发泡后，加入白砂糖，充分搅打到尖端会竖起的发泡程度。
3. 将筛过备用的糖粉加入**2**中，混合。
4. 在装了直径1.5㎝的圆形挤花嘴的挤花袋中装入**3**，挤成直径5.5㎝的圆扁形，放置变干。
5. 烤盘下再放一片烤盘，放入上火130℃、下火110℃的烤箱中，打开风门。
6. 烤出蕾丝边后，保持打开风门状态，将上火升为140℃、下火升为120℃。
7. 蕾丝边烤至焦褐色，上火再降为100℃、下火降为100℃，烘烤后干燥一晚。

栗子鲜奶油（约15份）

栗子酱（西班牙产／Jose Posada公司） ························· 1000g
47%鲜奶油 ······················ 100g
朗姆酒（Negrita Rum） ·········· 30g
威士忌（Canadian Club） ········ 30g

1. 将栗子酱用电动搅拌机充分搅拌。
2. 鲜奶油煮沸后，慢慢加入**1**中混合。
3. 将**2**用网筛过滤。放凉之后密闭冷藏保存。
※挤制前，再加入朗姆酒和威士忌（参照"组合及装饰"）。

香堤鲜奶油（约10份）

42%鲜奶油 ······················ 400g
白砂糖 ·························· 20g

在鲜奶油中加入白砂糖，搅打至八分发泡。

组合及装饰

糖粉（装饰用糖粉） ·············· 适量

1. 将香堤鲜奶油倒入装了圆形挤花嘴的挤花袋中，挤到蒙布朗蛋白饼上，用抹刀调整成隆起的圆顶状。放入冷冻库中冷冻凝固。
2. 将冷藏备用的栗子鲜奶油，在钢盆中抹开，隔水加热，用橡皮刮刀一面混合，一面加热至30℃。加入朗姆酒和威士忌酒混合。
3. 在装了蒙布朗挤花嘴的挤花袋中装入**2**，重叠覆盖挤到**1**上。
4. 用抹刀抹去周边多余的鲜奶油，撒上糖粉。

蕾丝边出现后，膨胀力向上作用，容易变厚。挤制时，要将最后的顶点压扁，烘烤后才不会过度膨胀。烤好的厚度约1.5㎝。

排除空气
成为浓郁厚重的鲜奶油

本乡纯一郎主厨对于蒙布朗的看法直截了当。

"蒙布朗是传统的法国甜点，承袭法国的蒙布朗做法是理所当然的。"因此，即使是栗子，主厨未采用和栗而选用西洋栗。蒙布朗整体的构成也是正统的蛋白饼，再组合鲜奶油和栗子鲜奶油。味道又甜又浓厚。

据此选用的栗子酱，主厨尝试后发现风味最浓厚的是西班牙产的栗子酱。在这种栗子酱里加入鲜奶油，再加上蒙布朗不可或缺的酒香，就制成了栗子鲜奶油。配合日本人的喜好，大部分栗子鲜奶油都是轻盈的口感，但是，"我希望尽可能地浓郁、厚重"，本乡主厨的感觉刚好相反。为了排除使口感轻盈、味道变淡的因素——空气，鲜奶油不必打发。不仅如此，主厨将鲜奶油煮沸趁热加入栗子酱中，利用其热度排出栗子酱中的空气。排出空气后密度增高，让人明显感受到如巧克力淋酱般的浓厚风味。

这样做好的栗子鲜奶油以网筛过滤，成为绵密、黏稠近似馅料的鲜奶油。在此阶段先冷藏，挤制前再隔水加热，变柔软后较容易挤出。酒类也是在最后阶段加入，这样香味会更持久。

蒙布朗中虽少不了朗姆酒的香味，不过主厨也使用威士忌。栗子酱或许是因为栗子带涩皮一起碾碎，在坚果的芳香中散发一种森林的味道，主厨配合这种木质的香味加入威士忌，使蒙布朗的香味更浓郁。威士忌使用熟成后散发酒桶香的Canadian Club，朗姆酒则选用香气浓厚的Negrita Rum。两种酒混合后，呈现出其他酒都没有的个性香味。

蛋白饼用不同的烤法
味道不变又能防止受潮

"蒙布朗蛋白饼"（蒙布朗的底座）是使用蛋白霜制作。主厨希望有蛋白饼口感，但不希望蛋白饼残留在口中，所以只用蛋白和砂糖制作简单的蛋白饼。虽然有各种防潮的方法，不过本乡主厨的方法是在烘烤上下工夫。烘烤上的改变并不会改变蛋白饼的味道。蛋白饼中容易渗入鲜奶油的水分，因气泡形成裂纹。蛋白饼的表面若很光滑，水分不易渗入，便能延缓受潮。因此，主厨想到在烘烤蛋白饼时让空气从表面以外的地方排出的主意，因此他采取马卡龙的烤法。若像马卡龙一样烤出蕾丝边，让蛋白霜的气泡从侧面排出，表面就会像形成扩张膜般变得光滑。蛋白饼里面要彻底烤干也很重要。蕾丝边的气泡若变成焦褐色，则表示里面已充分烤透。

配合栗子鲜奶油，香堤鲜奶油使用乳脂肪成分42%的鲜奶油。食谱配方中虽写的是用42%的鲜奶油，但实际上，主厨是用35%和47%的两种鲜奶油混合而成。本乡主厨表示"我混合两种鲜奶油想找出最适合的比例，42%便是摸索出的结果"。他减少香堤鲜奶油的糖度，只加5%的糖。因栗子鲜奶油味道浓厚，所以发泡鲜奶油加这些糖即可，不过主厨说："我觉得不像法国那样的香堤鲜奶油，就不是蒙布朗了"，所以他不改变香堤鲜奶油。

主厨制作古典甜点时，仅有极少的部分展现自我的风格。因此，每个部分的比例也变得很重要。他决定减少栗子鲜奶油的分量，增加香堤鲜奶油的分量。蛋白饼的大小，最初要让人吃到松脆的口感，随后能和入口即化的鲜奶油一同消失。食用后能感受到酒香。一面承袭法国的蒙布朗，一面又展现出"Girafe"的风格，这款蒙布朗实现了本乡主厨想要的绝妙平衡。

以醋栗为焦点的
时尚蒙布朗

Pâtissier
Jun Honma

店长兼甜点主厨　本间 淳

蒙布朗

450日元／供应时间　全年

这是一款高度很高、造型抢眼的蒙布朗。使用意大利风味浓厚的栗子，以醋栗作为含大量鲜奶油的蛋糕中的重点特色。其酸味能提引蛋糕的风味，易食用。

糖粉

撒上不易融化的防潮型糖粉。

栗子鲜奶油

使用意大利Agrimontana公司的栗子酱和鲜奶油，呈现浓厚的栗子风味。从下往顶点斜向挤制，使蛋糕造型高雅。

醋栗

在一个蛋糕中，放入4~5颗与栗子合味的醋栗。在富含鲜奶油的蛋糕中加入酸味，成为不腻口的美味。

香堤鲜奶油

使用脂肪成分45%，味道浓厚的鲜奶油。只搅打至五分发泡的稀软度，以呈现入口即化的细绵口感。在模型中和各部分重叠后，放入冷冻库中冷冻使其凝固。

轻卡士达酱

只有香堤鲜奶油味道略显单调，所以选择香浓的轻卡士达酱。轻卡士达酱是在卡士达酱中混入20%量的香堤鲜奶油制成。

杏仁蛋糕

下面垫上蛋糕，是为了避免鲜奶油的水分渗入蛋白饼中。在鲜奶油中也夹入一片蛋糕，配方豪华的蛋糕使蒙布朗更添风味。

糖渍栗子

使用法国制糖渍栗子。栗子打碎，使得从任何地方入口，都能享受到同样的美味。

**蛋白饼＋
淋面用巧克力**

先放入加热已熄火的烤箱，之后再慢慢烘烤2小时让水分蒸发，成为酥松状态。为避免吸收湿气，再裹上白巧克力。

不同口味的蒙布朗 ·············

御殿山的蒙布朗
→P152

材料和做法
蒙布朗

蛋白饼（约80份）

白砂糖	100g
糖粉	100g
淋面用巧克力（白）	适量

1. 在蛋白中分数次加入白砂糖，用电动搅拌机搅打至七分发泡。
2. 在1中加入糖粉，用橡皮刮刀充分混合。
3. 在装了直径1cm的圆形挤花嘴的挤花袋中装入2，在烤盘上挤出直径5cm的圆形，放入加热已熄火的烤箱中一晚，备用。
4. 次日，放入120℃的对流式烤箱中烤2小时。
5. 烤好放凉的蛋白饼，浸入煮融的淋面用巧克力中裹覆。

杏仁蛋糕（法国烤盘60×40cm1片／约80份）

糖粉	125g
杏仁粉	125g
全蛋	180g
蛋白霜	
┌ 蛋白	250g
└ 白砂糖	150g
中筋面粉	110g

1. 在糖粉和杏仁粉中混入全蛋，用桨状搅拌器打发泡变得泛白。
2. 蛋白和白砂糖混合充分搅打成蛋白霜，在1中用刮板如切割般混合。
3. 在2中加入过筛的中筋面粉混合。
4. 在铺了烤焙纸的烤盘上倒入3刮平表面，放入200℃的烤箱中约烤11分钟。

轻卡士达酱（约80份）

卡士达酱（※）	1000g
香堤鲜奶油（45%鲜奶油·8%糖）	
	200g

※卡士达酱（备用量）	
鲜奶	1000g
香草棒	1/2根
蛋黄	160g
白砂糖	240g
玉米粉	45g
卡士达酱粉	45g
发酵奶油	150g

1. 在鲜奶中放入香草棒中刮出的香草豆，加入1/3量的白砂糖煮沸。
2. 在钢盆中放入蛋黄和剩余的白砂糖混合，加入玉米粉和卡士达粉充分混合。
3. 在2中加入少量的1稀释，将2全倒入1的锅里，再次用大火加热。用打蛋器一面混合，一面约煮沸5分钟。
4. 将3离火，倒入冷冻库用的烤盘上，用急速冷冻机急速冷冻。
5. 将搅拌成乳脂状软的奶油加入4中，用桨状搅拌器混合。

用橡皮刮刀将卡士达酱搅拌变软，加入搅打至七分发泡的香堤鲜奶油，用橡皮刮刀如切割般混合。

香堤鲜奶油（约80份）

45%鲜奶油	1000g
糖粉	80g

用电动搅拌机搅打至五分发泡的程度。

栗子鲜奶油（约80份）

栗子酱	800g
栗子鲜奶油	800g
干邑白兰地	24g
发酵奶油	440g

1. 栗子酱中加入栗子鲜奶油，用桨状搅拌器混合。
2. 混合后，加入干邑白兰地混合，最后加入搅拌成乳脂状的奶油混合。

组合及装饰

（1份）

糖渍栗子	3片
醋栗果实（冷冻）	4~5颗
糖粉（防潮型）	适量

1. 在直径5.5cm、深7.5cm的圆锥形慕斯模型中，用直径1cm的圆形挤花嘴挤上香堤鲜奶油，放入2颗醋栗。
2. 用直径1cm的圆形挤花嘴挤入轻卡士达酱，然后放入用直径3cm的中空圈模割取的杏仁蛋糕。再挤上香堤鲜奶油，放入2~3颗醋栗。
3. 再挤入轻卡士达酱，排放上3片糖渍栗子，盖上用直径5cm的中空圈模割取的杏仁蛋糕，放入冷冻库冷冻。
4. 将3脱模，放到蛋白饼上，用半排挤花嘴从底部往顶点，斜向挤上栗子鲜奶油，再撒上糖粉。

多层的构造中
活用醋栗的效果

本间淳主厨的信念是严选安心、安全的材料，制作出让人欲罢不能的甜点。该店全年供应，已成为招牌人气商品的，就是这款"蒙布朗"。高度约9cm的时尚造型，看起来虽然简单，但是放在展售柜中显得格外抢眼。

"被视为欧洲最高峰的白朗峰（Mont Blanc），我想象中是呈锐角的山峰，以此为灵感我设计了这样的形状，"本间主厨说，"之后我亲自见到白朗峰，发现它和我想象的形状不一样，不过蒙布朗这个高度具有分量感，因此我仍采用此造型。"本间主厨从担任甜点主厨的"Chez Cima"时期开始到今天，据说已连续制作了十多年这种外型的蒙布朗。

这款蒙布朗的外观虽然简单，但内部却是多层的结构。从下往上分别是蛋白饼、杏仁蛋糕、糖渍栗子、轻卡士达酱和香堤鲜奶油，还有整颗醋栗。此外，杏仁蛋糕、轻卡士达酱和香堤鲜奶油中，都加入整颗醋栗，表面覆盖上栗子鲜奶油。除了栗子鲜奶油以外，都用圆锥形的慕斯抹刀组装，经冷藏凝固来维持它独特的造型。

蛋糕构成中的重点特色是加入醋栗。

本间主厨说："这是使用大量鲜奶油的蛋糕，里面有轻卡士达酱、香堤鲜奶油和栗子鲜奶油，所以我考虑加入酸味作为重点。"在酸味水果中，醋栗具有独特的浓郁酸味，一个蛋糕中放入4～5颗，即使有很多鲜奶油，酸味依然浓郁，让人吃起来觉得清爽不腻口。

另一个重点特色是，制作长时间仍保有酥松口感的蛋白饼。将蛋白饼放在熄火的烤箱中一晚使其干燥，次日，再以低温的对流式烤箱慢慢烘烤2小时。表面裹上淋面用白巧克力，即使长时间放置依然保有酥松的口感。

重叠的组装法，不论从哪个位置吃起，
都能享受同样的口感

栗子鲜奶油，主厨使用因不含任何化学添加物而闻名的意大利Agrimontana公司的栗子酱和栗子鲜奶油。

本间主厨表示"这种栗子酱拥有浓郁的栗子风味，搅成乳脂状时也不易结粒，制作上也很容易处理"。栗子酱中加入栗子鲜奶油混合，以干邑白兰地增加香味，最后再加入奶油增加浓郁度。加入奶油后，制作重点是尽量不发泡。搅打发泡含有空气后，挤制时容易发生龟裂，所以用桨状搅拌器搅拌，以免混入大量的空气。

此外，本间主厨很重视组合及装饰。关于蒙布朗，主厨重叠组装的想法是"360度，我希望叉子从任何角度插下，都能吃到一样的味道"。放入的法国制糖渍栗子并非整颗，而是散放碎栗，这也是为了让味道均匀。本间主厨表示"里面放入整颗大栗子，不用叉子弄碎不好食用。蛋糕是否易食用也是我重视的问题"。

不做多余的装饰也是主厨的原则之一。"大多数顾客都是买回家吃，顾客能否带回漂亮外型的蛋糕，是甜点师傅的责任。为避免蛋糕的外型坍塌，或装饰掉落，我特地设计成简单的外型。"

这款蒙布朗具有意大利和法国的浓郁栗子风味，层叠的结构呈现多层次的美味，外观也独具一格，因此获得了极高的人气。

最重视栗子的香味
现制的栗子鲜奶油

Le Milieu

店长兼主厨　山川　隆弘

蒙布朗

520日元／供应时间　10月至次年1月

　　配合季节分别使用三种和栗，该店最引以为傲的是从栗子酱开始制作的自制栗子鲜奶油。仅两种鲜奶油和蛋白饼的构成元素，更加凸显栗子原有的香味。

栗子鲜奶油

　　去壳栗仁和白砂糖一起熬煮，再过滤成栗子酱。充分浓缩栗子馥郁的香味与甜味。为避免香味散失，收到订单后才开始制作。

无糖发泡鲜奶油

　　为凸显栗子鲜奶油，里面不加砂糖，用搅拌机搅打使其饱含空气，融口性绝佳。

法式蛋白饼

　　混合等量的蛋白、白砂糖和糖粉，完成质地细致、保形性高的蛋白饼。

材料和做法
蒙布朗

自制栗子鲜奶油
（便于制作的分量）

去壳栗仁（日本宫崎县·日影"丹泽"、日本兵库县·湖梅园"丹泽"、"人丸"两者）⋯⋯⋯⋯ 1000g
白砂糖 ⋯⋯⋯ 约300g（糖度50度）

1. 栗子用蒸锅蒸约40分钟使其变软。
2. 和白砂糖一起放入锅里，一面混合，一面以中大火加热2~3分钟。为避免香味散失，白砂糖迅速煮融。
3. 用网目稍大的网筛过滤成泥状，盖上保鲜膜放凉。

法式蛋白饼
（便于制作的分量）

蛋白 ⋯⋯⋯⋯⋯⋯⋯⋯⋯⋯⋯100g
白砂糖 ⋯⋯⋯⋯⋯⋯⋯⋯⋯⋯100g
糖粉 ⋯⋯⋯⋯⋯⋯⋯⋯⋯⋯⋯100g
※蛋白可减至60g（2份）。

1. 用电动搅拌机打散蛋白，加入1/3量的白砂糖，以高速充分搅打发泡1~2分钟。
2. 加入剩余白砂糖的一半搅打发泡。再加入剩余的白砂糖，搅打发泡至尖角能竖起来的硬度。
3. 快速加入筛过的糖粉混合。
4. 立刻装入挤花袋中，用直径1.5cm的圆形挤花嘴，挤成直径为5.5~6cm大的圆形。
5. 用100℃的横式烤箱烤1小时，温度升至120℃再烤20分钟。充分放凉使其干燥。

无糖发泡鲜奶油（5份）

35%鲜奶油 ⋯⋯⋯⋯⋯⋯⋯⋯⋯ 40g

鲜奶油用电动搅拌机搅打发泡至变硬。

组合及装饰

1. 从上面看如同遮盖蛋白饼一样，在法式蛋白饼上高高地挤上无糖发泡鲜奶油（1个约8g）。
2. 将1放在手掌上一面慢慢地旋转，一面如覆盖整体般用机器挤上栗子鲜奶油。栗子鲜奶油一个挤50~60g。从上面轻轻地按压使鲜奶油更稳固。

配合季节分别使用
三种芳香的栗子

"Le Milieu"的蒙布朗，只有栗子鲜奶油、无糖发泡鲜奶油和法式蛋白饼3种成分，接到顾客的订单后，才会挤上鲜奶油。简单的构成和现制的新鲜感，最大限度地发挥了栗子的香味。

店长兼主厨的山川隆弘先生明白表示，"蒙布朗蛋糕，最讲究的是栗子的香味，味道居其次。"

"甜味可用砂糖等来调整，但香味却不行。我会挑选香味浓郁的品种，着重提引出栗子原有的风味。"

主厨过去使用法国制栗子酱，但为了更进一步强调栗子的香味，改用生的和栗，自制栗子酱。

为了这款蒙布朗，山川主厨经朋友介绍选择的是日本兵库县三田市湖梅园栽培的最高品质的栗子——昼夜温差剧烈的三田气候，加上采用自制堆肥等，以注重品质和安全性的栽培法细心培育，所获得的味道香浓、甜美的顶级品。

因为收成少，栽培又很费工夫，价格与一般栗子比几乎翻倍。但是山川先生极度信赖其品质，他表示"它的香味和味道是一般的栗子都比不上的"。

但是湖梅园只种植一种栗子，数量和销售期都有限制。目前，主厨分别使用三种不同时期收成的栗子。

8月下旬使用日本宫崎县产的早生种——丹泽。自9月中旬使用湖梅园的丹泽，之后，改用同样是湖梅园的人丸。或许是栗子的生命力很强韧，据说在产季的最早期收成的早生种，香味较浓。

栗子收成后会放入冷藏库10天至2周的时间使其成熟，能使甜味增加，但香味在这期间会散失。山川主厨较注重香味，他采购的是收成后立即去涩皮以真空包装的栗子。

只加入砂糖，
以大火迅速蒸熟

为了直接活用栗子的风味和味道，栗子鲜奶油的材料和做法都很简单。

去壳栗仁用蒸锅炊蒸变得松软鼓起，为了不让栗子的香味和水分蒸发，加入砂糖后以大火快速蒸好。因为栗子的甜味常有变化，所以砂糖以糖度50度为标准一面微调，一面慢慢加入。为凸显栗子鲜奶油的存在感，主厨特意将甜味调重。此外，会影响栗子香味的鲜奶油、奶油和鲜奶等乳制品一概不加。因此其中的水分，只有栗子和白砂糖中所含的分量。

用网筛过滤时，追求的不是绵细的泥状，而是少量的残留颗粒，吃起来有些粗糙，这样能让人品尝到栗子松绵口感的栗子鲜奶油才算完成。

为了和甜味较重的栗子鲜奶油取得平衡，下层的鲜奶油不加砂糖和任何其他材料。用搅拌机搅打到饱含空气，质地会变得绵细外，另一方面为避免栗子鲜奶油坍塌，制作的重点是彻底打发使其变硬。让人能直接感受到栗子味道和口感的栗子鲜奶油及绵密的发泡鲜奶油，叠合的两种口感和甜味的鲜明对比，也是蒙布朗的魅力之一。

将无糖发泡鲜奶油直接挤在蛋白饼上，如何保持蛋白饼酥脆的口感也是一大课题。法式蛋白饼是蛋白、白砂糖和糖粉全部等量。白砂糖的水分会破坏蛋白的气泡，若使用水分少、粒细的糖粉，便能提高保形性。以100℃烘烤1小时，再改120℃加热20分钟使其完全干燥，这样完成的蛋白饼，暂放不易受潮。

组装时，如同覆盖蛋白饼般高高地挤上发泡鲜奶油，接着将它放在手掌上一面慢慢地旋转，一面用机器均匀地挤上栗子鲜奶油。

该店每年10月至次年1月推出此款蒙布朗，栗子产期结束时停止销售。

经典蒙布朗
独特创意的

LETTRE D'AMOUR
Grandmaison 白金

甜点主厨　仓嶋　克彦

和栗蒙布朗

630日元／供应时间　9月至次年1月

"让经典蒙布朗展现创意"，基于这样的想法，主厨制作出这款前所未见的创意甜点。活用和栗的风味，多层次的构成，创作出法式甜点般的奥妙风味。

糖粉

撒上防潮的装饰用糖粉。

栗子鲜奶油

将日本爱媛县产蒸栗酱和卡士达酱混合，用网筛过滤后，成为浓郁、细滑的鲜奶油。

海绵蛋糕

下层的蛋糕，是为了防止慕斯的水分渗入杏仁蛋白饼中。上面还加入一片，让人吃起来更具满足感。

杏仁蛋白饼

尽管很薄，口感却很扎实，是混入少量准高筋面粉的蛋白饼。

咸塔皮

底下垫着具有酥脆嚼感与咸味的塔皮，更加凸显栗子鲜奶油的味道。

和栗涩皮煮

具有松绵的口感和日产栗的风味，外表装饰上日本熊本产的和栗涩皮煮，里面也有切碎的栗子。

可可粉

撒上可可粉，可增加香味和可观性。

香堤鲜奶油

将47%鲜奶油和35%鲜奶油，以2：1的比例混合，调整成乳脂肪成分约42%的鲜奶油。为了具有保形性要充分打发。

香草慕斯

作为造型主轴的馅料。倒入模型中放入冷冻库中冷冻变硬，较容易保持外型。

栗子奶油酱

只有咸塔皮作为底座，稳定感略嫌不足，为了加强形状和味道，再铺入较硬的栗子酱。

不同口味的蒙布朗

 安纳芋蒙布朗
→P153

 南瓜塔
→P153

和栗蒙布朗

咸塔皮（pâte brisée）

发酵奶油	405g
盐	9g
白砂糖	13.5g
准高筋面粉（有机小麦）	450g
冷水	165g

1. 在钢盆中放入搅拌变软呈乳脂状的奶油，加盐和白砂糖混合。
2. 在1中放入筛过的准高筋面粉混合，慢慢加入冷水混合。面团混成一团后，用保鲜膜包好放入冷藏库一晚使其松弛。
3. 将2的面团用擀面杖擀成1.5mm厚，用直径9cm的圆形圈模切割。
4. 将3一片片铺入直径7cm的塔模型中。
5. 在4中放入镇石，放入155℃的烤箱中烤25分钟。烤好后脱模放凉备用。

杏仁蛋白饼（约15份）

蛋白霜	
┌ 蛋白	15g
└ 白砂糖	9g
杏仁粉	9g
糖粉	9g
准高筋面粉（有机小麦）	2g

1. 在搅拌缸中放入蛋白，一面分4次加入白砂糖，一面慢慢加速搅打发泡，制作硬式蛋白霜。
2. 西班牙产和美国产的杏仁粉以等比例混合，糖粉、准高筋面粉混合后过筛两次。
3. 从电动搅拌机上将1的搅拌缸拿下，加入2用橡皮刮刀混合。
4. 将3装入装了10号圆形挤花嘴的挤花袋中。在烤盘上铺上烤焙垫，从中央呈螺旋状挤成直径6cm的圆形。
5. 放入120℃的烤箱中烤60分钟，降至100℃再烤20分钟。

海绵蛋糕

（60cm×40cm 1片·约50份）

全蛋	266g
白砂糖	200g
低筋面粉（有机小麦）	150g
无盐奶油	41.6g
低温杀菌鲜奶	83g

1. 在搅拌缸中放入全蛋和白砂糖，一面混合，一面让砂糖融化，搅拌缸隔水加热至50℃，以中速搅打发泡泛白。
2. 在1中加入筛过的低筋面粉，用橡皮刮刀混合，再加入隔水加热煮融的奶油和鲜奶迅速混合。
3. 在铺了硅胶垫的烤盘上，倒入2的面团650g，刮平表面。放入180℃的烤箱中烤8分钟，蛋糕从烤盘取下后放凉备用。
4. 用直径4cm和4.7cm的圆形切模切割3备用。

香草慕斯（约15份）

低温杀菌鲜奶	72g
香草棒（大溪地产）	1/3根
白砂糖	23g
20%加糖蛋黄	26g
吉利丁片	2.3g
35%鲜奶油	100g

1. 将鲜奶、白砂糖，以及从香草棒中刮出的香草豆和豆荚一起放入锅里，开火加热，煮沸。
2. 在1中加入加糖蛋黄，一面搅拌，一面煮到83℃。
3. 将2离火，加入已泡水（分量外）回软的吉利丁，用手握式电动搅拌器混拌，过滤。
4. 将3底下放冰水，冷却至30℃，加入搅打至七分发泡的鲜奶油混合。

组装

在直径5cm的马芬不沾模型中，铺入切割成直径4cm的海绵蛋糕，倒入4的面糊15g。放入日本熊本县产和栗涩皮煮（5g切半），盖上切成直径4.7cm的海绵蛋糕，放入冷冻库中。

栗子奶油酱（约15份）

和栗酱（日本爱媛县产）	120g
无盐奶油	36g
Saumure橙皮酒（Saumure Triple sec）	3.6g

在钢盆中放入和栗酱，加入搅拌成柔软乳脂状的奶油和利口酒混合。

栗子鲜奶油（约15份）

和栗酱（日本爱媛县产）	337g
卡士达酱（※）	202g

※卡士达酱（备用量）

鲜奶350g、20%加糖蛋黄105g、白砂糖70g、低筋面粉（有机小麦）26g、无盐奶油18g、香草棒（大溪地产）0.5根、香草精0.3g

1. 在鲜奶中放入香草豆和豆荚，加热至煮沸前。
2. 在钢盆中放入加糖蛋黄、白砂糖和低筋面粉混合。
3. 在2中加入1充分混合，放入锅中开火加热，一面用打蛋器混合，一面煮沸。边加热边搅拌约2分钟。
4. 熄火后加入奶油混合，用食物调理机搅打后，底下放冰水冷却。

和栗酱和卡士达酱放入食物调理机中搅打混合，用网筛过滤。

组合及装饰（约15份）

香堤鲜奶油（42%鲜奶油·8%糖）	75g
和栗涩皮煮（日本熊本县产）	60g
透明果冻胶	15g
巧克力装饰	15g
糖粉（装饰用糖粉）	15g
可可粉	适量

1. 在咸塔皮上挤上栗子奶油酱10g，放上杏仁蛋白饼。
2. 将冷冻的香草慕斯从不沾模型中取出，较广的底面朝下，放到1上，上面再用10号圆形挤花嘴挤上5g香堤鲜奶油，放入冷藏库冷冻约15分钟。
3. 将栗子鲜奶油装入装了宽2cm的波形挤花嘴的挤花袋中，由下往上无间隙地挤在2的周围。撒上装饰用糖粉，放入冷藏库冷藏20～30分钟。
4. 在3上撒上可可粉，装饰上涂了果冻胶的和栗涩皮煮和巧克力作为装饰。

重新构筑蒙布朗
追求独创性

2007年，仓嶋克彦主厨开始担任该店的甜点主厨。他活用在法国布列塔尼地区的修业经验，以制作出让人感受到法国精神，前所未见、让人惊艳的蛋糕为宗旨。

他十分讲究食材，采用经过严选的日产有机面粉、日本新潟县产的坪饲有精蛋等。每月都会推出3～4种，使用自家农园产的水果等制作的蛋糕，为展示柜增添季节感。

该店供应的"和栗蒙布朗"也是季节限定商品之一。自2011年秋天上市开始，如今已成为甜点迷争购的秋冬蛋糕之一。

仓嶋主厨希望重新构筑经典蛋糕"蒙布朗"，制作出形式相同，又兼具独创性的蒙布朗，因此开发出这款商品。

"现在蒙布朗的主流形式是以蛋白饼为底座，以鲜奶油及栗子酱作为装饰，但我想制作前所未见的蒙布朗。组合的妙趣就在于，1＋1可以等于3或4。我想要制作那种能够享受法式甜点奥趣的蒙布朗"仓嶋主厨表示。

主厨追求的最佳平衡，是在组合的同时，能传达具有一致口感的独特美味。经过两个月的不断试做，终于研究出这款蒙布朗。

从外观上人们无法想象里面的构造，以咸塔皮为底座，由下而上叠着栗子奶油酱、杏仁蛋白霜、海绵蛋糕、加入和栗涩皮煮的香草慕斯，上面再放上海绵蛋糕、香堤鲜奶油，最后周围挤上栗子鲜奶油。味道和口感的平衡都是经过仔细计算的，风味浓厚、又富有层次感。

关于蛋糕的构成顺序仓嶋主厨竟然表示"我首先考虑外观，我希望外型不是用蒙布朗挤花嘴挤出的传统形状。"

为了制作外观，和方便其他员工也容易成型。主厨决定中心使用倒入模型制作的慕斯，据说是为了不用栗子慕斯而用香草慕斯，因为使用太多栗子味道会让人厌腻，就无法凸显和栗的美味和香味。

放入冷藏库一面紧缩
一面漂亮组装

其他部分也各自具有不同的作用。咸塔皮是为了凸显和栗纤细的味道。它酥脆的口感和咸味，与栗子鲜奶油在口中融为一体时，能够阻断甜味以凸显栗子的风味。

为表现口感，咸塔皮使用日产小麦中筋性较强的面粉。但是，避免口感太硬破坏平衡，所以擀成1.5mm的厚度。

海绵蛋糕使用两片来夹住香草慕斯，对于慕斯蛋糕，具有增加口感的作用。夹在蛋白饼和慕斯之间，还有防止慕斯的水分损害蛋白饼口感的作用。

蛋白饼下方的栗子奶油酱，具有使底座更稳定和增强味道的用处。虽然配方中混入奶油不易出水，不过为了掩盖乳制品特有的香味，主厨还花工夫以柳橙风味利口酒加入淡淡的橙香味。

组装时，在周围挤上栗子鲜奶油前，先放入冷藏库中冷却，挤好栗子鲜奶油后再次冷藏，整体紧缩后再进行装饰。在柔软的栗子鲜奶油上放上栗子甘露煮，外型容易坍塌，所以制作重点是一面冷藏，一面花时间仔细组装。

供应前现挤的栗子鲜奶油
不只味道，连分量也是重点

Pâtisserie **Ravi, e relier**

店长兼甜点主厨　服部 劝央

蒙布朗（Torche aux marrons）※

510日元／供应时间　10月下旬至次年2月末

　　刚挤好的栗子鲜奶油，和仅吸收微量鲜奶油水分的杏仁蛋白饼一起入口……主厨研发时想象着蒙布朗味道给人的感觉，虽然外型极简单，但所有设计都经过深思熟虑。

栗子鲜奶油

　　法国制栗子酱和日本爱媛县产的和栗酱，以2：1的比例混合，加入少量奶油和水饴，以糖浆调整浓度，并加入香草精和干邑白兰地以增加香味。

杏仁蛋白饼

　　这是质地较粗，口感佳的杏仁蛋白饼，还加入杏仁粉增添香味。杏仁粉的风味也有增强甜味和浓厚风味的效果。

无糖发泡鲜奶油

　　乳脂肪成分47%的鲜奶油搅打至七八分发泡，成为浓郁的无糖发泡鲜奶油。它的作用是连接杏仁蛋白饼和栗子鲜奶油，因此分量较少。为了支撑挤在上面的栗子鲜奶油的重量，挤制好后冷冻备用。

※（注：法国亚尔萨斯地区人称蒙布朗为"トルシユ•オ•マロン"）

材料和做法
蒙布朗

杏仁蛋白饼（80份）

蛋白 ·····················330g
杏仁糖粉
┌ 白砂糖 ·················75g
└ 杏仁粉 ·················65g
白砂糖 ·····················330g

1. 将杏仁糖粉的材料混合过筛备用。
2. 用电动搅拌机以高速搅打蛋白，产生粗气泡后，加入半量的白砂糖。
3. 发泡后加入剩余的白砂糖，充分搅打至尖端竖起的程度。
4. 将3从电动搅拌机上取下，加入1后用扁平勺混合，再用橡皮刮刀混拌调整。
5. 在装了星形挤花嘴的挤花袋中装入4，在烤盘上挤成直径5.5cm的圆形。
6. 放入120℃的对流式烤箱中烘烤一晚（至少3小时以上），直到里面都烤透。

口感松脆、渗入适度的水分，且外型有凹凸的杏仁蛋白饼。

栗子鲜奶油（约20份）

栗子酱（沙巴东公司）·········1000g
和栗酱（日本爱媛县产）·······500g
无盐奶油 ·····················160g
干邑白兰地 ···················10g
香草精（马达加斯加岛产）
·············适量（瓶盖1/2杯1份）
水饴 ·························40g
糖浆（波美度30°）···········100g

1. 将栗子酱、和栗酱和奶油用电动搅拌机的低速搅拌混合。
2. 加入干邑白兰地和香草精混合。
3. 加入水饴混合。
4. 慢慢加入糖浆，一面调整硬度，一面用电动搅拌机搅拌，使其饱含空气。

无糖发泡鲜奶油

47%鲜奶油 ···················适量

1. 鲜奶油搅打至七八分发泡。
2. 将1装入装了9号圆形挤花嘴的挤花袋中，挤成直径2～3cm、高2cm的山形。
3. 冷冻。

组合及装饰

1. 将冷冻过的无糖发泡鲜奶油，放在杏仁蛋白饼的上面。
2. 在压筒中装入栗子鲜奶油，如同覆盖1的整体般，按照完成时的外观来挤制。

最花费心力的是
栗子鲜奶油的美味

"Ravi, e relier"的蒙布朗"Torche aux marrons"是服部劝央主厨制作的唯一一种栗子甜点。对服部主厨来说，栗子的感觉像是野禽料理中所用的食材，他很难想象用栗子制作成甜点。但是偶然间，他在亚尔萨斯地区吃到"Torche aux marrons"，从此他对栗子的印象完全改观。这款甜点的构造虽然和法国的蒙布朗相同，不过栗子的美味是活用在鲜奶油中，因此，他决定用栗子制作甜点。

如蒙布朗的剖面图（P85）中所见，可以很清楚地看到，作为主角的栗子鲜奶油的分量很多。不过主厨说"因为现挤的鲜奶油最美味"，所以该店都是收到点单后才挤上鲜奶油。

这里所用的栗子鲜奶油，是沙巴东公司的栗子酱和日本爱媛县产的和栗酱，以2∶1的比例混合而成。在日本，大多数甜点表现的是和栗原有松绵、清淡的"栗子感"。相对地，法国的栗子黏稠浓郁，栗子产品的味道通常很甜，而且会加入香草等来增加香味。但将具有不同的"栗子感"的洋栗及和栗混合，能否表现栗子原有的美味呢？主厨经过数次试验，终于得出现在的配方：里面加入为增添浓郁度的少量奶油、有延展性的水饴、用来调整浓度的糖浆，以及马达加斯加岛产的香草精和干邑白兰地酒来增加香味。

栗子酱中虽然已加入香草，不过重复加入香草精，能使添加的香草风味更浓厚。为了活用对味道影响最小的香味，主厨选用香草精中风味最佳的马达加斯加岛的产品。此外，他不采用朗姆酒，而是使用干邑白兰地，因为他认为栗子酱深处的香味和干邑白兰地类似。服部主厨经常使用的方法是，挑选出食材里具有香味和浓厚味道的材料，组合和它相同或类似香味和味道的材料。例如，大黄的酸味和梅子；核桃的甜味和蜂蜜等。

这样制作出来的栗子鲜奶油中含有适度的空气。有人认为含入空气后奶油味道会变淡，或者说没有空气的话，味道比较凝缩，"但不能一概而论，借由含有空气，有时也能提引风味，甚至让人觉得味道更浓。栗子酱正是因为含有空气，才更加发挥栗子的风味与香草等的香味，同时还会产生膨软的口感"。水饴、干邑白兰地和香草棒等的配方，也是在最后含有空气的状态下适当调整，使味道的平衡变得恰到好处。

要制作得美味
完成时的感觉须明确

底座虽然是普通的蛋白霜，但因为蛋白霜太甜又很细致，所以主厨加入杏仁粉制成杏仁蛋白霜。借由变粗的质地凸显口感，加入杏仁风味以增进浓郁风味。杏仁蛋白饼与蛋白饼相比不易受潮，服部主厨认为鲜奶油的水分稍微渗入杏仁蛋白饼中，比完全不受潮还要美味。因此，他用星形挤花嘴挤成凹凸条纹，成为让水分容易渗透的形状。

中间的无糖发泡鲜奶油，也可以暂时转换栗子鲜奶油的味道。分量虽少，但为了增加浓郁度，主厨使用乳脂肪成分47%的产品，搅打至七八分发泡使奶油变得绵细。鲜奶油搅打出油后味道会变差，所以搅打至刚好能挤制的程度即可。但是，考虑到上层的栗子鲜奶油的重量，奶油挤好后先冷冻备用。

服部主厨表示，乍看之下蒙布朗是很简单的甜点，但在不断实验之后，才发现它是极简甜点。"虽然它是古典风味，但我认为更应传承这样的甜点。作为传承者，我希望能制作出更美味的蒙布朗。因此，了解蒙布朗的背景，思考自己要制作什么样的蒙布朗，找出明确的目标，我认为这是重中之重。"

杏仁薄酥皮塔
无论何时美味依旧

Pâtisserie Voisin

店长兼甜点主厨　广濑　达哉

蒙布朗

500日元／供应时间　全年

　　口感酥脆的薄酥皮，含大量榛果的芳香塔皮，和香甜浓郁的法
国制栗子鲜奶油，形成绝妙的平衡。

糖粉

　　撒太多糖粉，蛋糕整体会太甜，所以只要在顶端略撒一些即可。

栗子鲜奶油

　　在栗子酱和栗子鲜奶油中，轻轻混入搅打变硬的发泡鲜奶油，以免气泡破掉。利用鲜奶油产生轻盈口感，和浓厚的法国制栗子酱与鲜奶油取得平衡。

无糖发泡鲜奶油

　　乳脂肪成分42%的鲜奶油搅打发泡至快要分离前。因为栗子鲜奶油有足够的甜味，所以鲜奶油中不加糖。为避免分离，一面冷却，一面搅打变硬。

杏仁酥皮塔

杏仁鲜奶油＋薄酥皮

　　重叠4片薄酥皮，以表现酥脆的口感。里面倒入杏仁鲜奶油后烘烤，再刷上朗姆酒糖浆。除了添加淡淡的朗姆酒香外，也能预防表皮变干，保持湿润口感。

糖渍栗子

　　目前使用意大利Agrimontana公司的栗子。主厨希望充分呈现栗子的风味，不要混入太硬的栗子，要保持品质的稳定，基于这些考量而选用该品牌的产品。

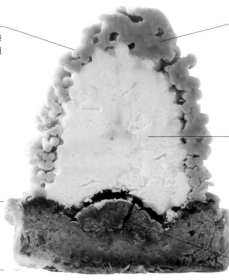

材料和做法
蒙布朗

杏仁酥皮塔（约30份）

杏仁鲜奶油
杏仁粉	75g
榛果粉	150g
糖粉	225g
全蛋	175g
无盐奶油	225g
榛果酱	62.5g
朗姆酒	25g

薄酥皮（pâte filo）（切成边长10cm
的正方形） ……………………… 120片
清澄奶油液………………………… 适量
朗姆酒糖浆（※）………………… 适量

※朗姆酒糖浆（备用量）
糖浆（波美度30°） ……………… 100g
水 ……………………………………… 30g
朗姆酒 ………………………………… 30g

1. 在锅里加入糖浆和水加热煮沸。
2. 煮沸后加入朗姆酒，熄火，混合。

---

1. 制作杏仁鲜奶油。将杏仁粉、榛果粉、糖粉混合过筛。
2. 全蛋和奶油用食物调理机搅打乳化。
3. 在2中加入1，用打蛋器搅打变细滑，加入榛果酱和朗姆酒，混合使整体融合。
4. 组装塔。一个酥皮塔使用4片薄酥皮。每一片都用毛刷涂上一薄层清澄奶油液，四角都要彻底涂到，沿对角线重叠。
5. 在直径6cm的塔模型中铺入4，每一个挤入25g的杏仁鲜奶油，刮平表面。
6. 放入180℃的烤箱中烤约35分钟，脱模，用毛刷在表面涂上一薄层朗姆酒糖浆。

栗子鲜奶油（备用量）

栗子酱（Imbert公司） ………… 2000g
栗子鲜奶油（Imbert公司）
………………………………………… 1000g
40%鲜奶油 ……………………… 1500g

1. 在搅拌缸中放入栗子酱，一面慢慢加入栗子鲜奶油，一面混合。
2. 鲜奶油充分搅打发泡至快要分离。
3. 在1中加入2的1/3量，用橡皮刮刀轻柔地混合，混合后再加入剩余的2，如切割般混合，以免气泡破掉。

无糖发泡鲜奶油（1个约使用30g）

42%鲜奶油……………………………… 适量

搅打发泡直到鲜奶油快要分离。

组合及装饰

（1份）
糖渍栗子（Agrimontana公司）
………………………………………… 1颗
糖粉（防潮型） …………………… 适量

1. 在酥皮塔的中央放上糖渍栗子，在装了直径8mm的圆形挤花嘴的挤花袋中，装入搅打发泡至快分离的无糖发泡鲜奶油，在栗子上挤成山形（1个约30g）。
2. 在装了蒙布朗挤花嘴的挤花袋中装入栗子鲜奶油，如覆盖无糖发泡鲜奶油般，由下往上挤（1个约50g），最后在顶端撒上糖粉。

设计口感比蛋白饼更好
且能长久保存的底座

这款蒙布朗乍看之下，是上部挤上栗子鲜奶油的标准形式。但是，以酥皮塔作为底座，的确出人意料。这是主厨考虑方便客人外带所设计出的蒙布朗。

2009年该店开业之初，广濑达哉主厨制作的是使用蛋白饼的传统样式蒙布朗。但是，他发现蛋白饼会慢慢吸收鲜奶油的水分，从而失去酥脆的口感。

"尽管我们希望顾客能尽快食用，可是每位顾客的情况各不相同。因此，甜点师傅应该考虑，制作出任何时候食用都美味的甜点。"

广濑达哉主厨为了制作出无论何时食用仍然美味的蒙布朗，经由不断摸索尝试，找出了取代蛋白饼的材料——薄酥皮。

不会吸收水分，能长久保持美味口感，又不会凸显存在感，还具有酥脆口感和鲜奶油细绵口感的对比。基于这些理由，该店使用薄酥皮和杏仁鲜奶油制作的酥皮塔来作为底座，以取代蛋白霜。

酥皮塔是用薄酥皮本身作为塔的底座。切成10cm正方形的薄酥皮，一面用毛刷薄涂清澄奶油液，一面沿对角线重叠4片铺入模型中。重点是，薄酥皮四角都要彻底涂到奶油。若涂得不好，就无法呈现独特的酥脆、爽快口感。

倒入其中的杏仁鲜奶油，配方中加入杏仁粉一倍量的榛果粉，再加入榛果酱，以凸显坚果的风味。这是为了让栗子鲜奶油散发不亚于底座部分的味道与香味，以保持整体的平衡。酥皮塔烤好后刷上朗姆酒糖浆，除了增添香味，也能使塔保持湿润。

让甜味栗子鲜奶油
吃不腻的制作诀窍

酥皮塔上放上一颗意大利制糖渍栗子，将发泡鲜奶油覆盖在栗子上。

为了不要盖住栗子的味道，主厨选用乳制品风味不太强烈的鲜奶油产品。搅打发泡时，以低温打发，如果过度打发，鲜奶油会分离，所以器材先保持冰冷，一面底下放冰水，一面以高速尽快打发到鲜奶油到快要分离。这种做法同时还要留意发泡时的温度，才能完成细绵、口感佳的无糖发泡鲜奶油的制作。

栗子鲜奶油，主厨选用Imbert公司的栗子酱，再慢慢加入同牌栗子鲜奶油，以电动搅拌机混合，之后再混入打发的鲜奶油。在呈现味甜、浓郁的法国制栗子酱和鲜奶油风味的同时，为了使口感轻盈，里面还加入经过充分打发的鲜奶油。混合时用橡皮刮刀如切割般搅拌，以免破坏气泡，使用口径约3mm的蒙布朗挤花嘴，挤制时也要注意勿弄破气泡。

广濑主厨想呈现的蒙布朗，是具有浓郁的栗子原味，未减少甜味，但口感不腻口的蒙布朗。

广濑主厨表示"减少甜味的话，就失去了法国甜点的特色。甜的甜点我依然会做得很甜，甜味部分我运用的手法是，混入酸味食材来调和，或是以芳香的食材让人忽略甜味。这款蒙布朗我也是强调作为底座的塔及味道和口感，希望顾客吃起来觉得甜，但不会觉得腻"。蒙布朗改成现在的构成后，蒙布朗变得更受欢迎，经常在中午前就销售一空。

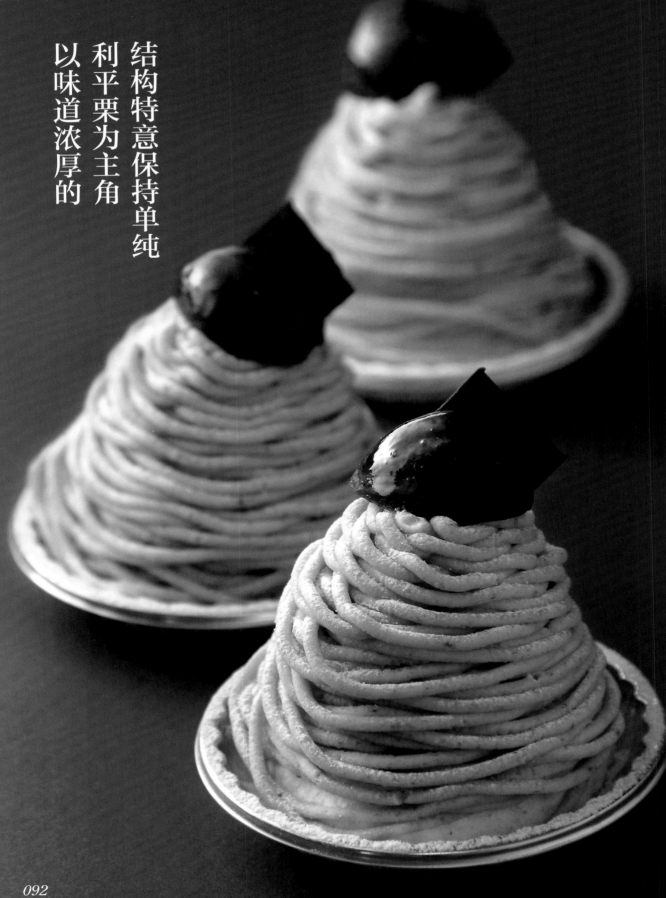

结构特意保持单纯
利平栗为主角
以味道浓厚的

Pâtisserie Aplanos

店长兼主厨 **朝田 晋平**

和栗蒙布朗

480日元／供应时间　全年

　　这款蒙布朗的设计概念，是想活用风味高雅、浓厚的利平栗的美味，无多余添加物的天然栗子鲜奶油，和口感轻盈的椰子风味蛋白饼组合，形成绝妙的美味。

糖粉

　　整体上薄薄地撒上糖粉，将栗子鲜奶油挤制的层次凸显得更美丽。

和栗涩皮煮

　　里面包入一整颗栗子，上面再装饰上一颗同样的栗子。考虑和使用利平栗的栗子鲜奶油之间的平衡，刻意减少甜味。

**椰子蛋白饼＋
覆面用巧克力**

　　制作重点是减少砂糖含量，充分搅打以制作极细致的蛋白饼。轻盈的口感和椰子粉的香甜味，更凸显和栗的风味。外表还裹覆混合可可奶油的白巧克力。

巧克力装饰

　　负责表现口感重点的角色，不影响栗子的浓味、甜味与大小。

栗子鲜奶油

　　使用日本熊本县球磨地区的利平栗。以香堤鲜奶油连接过滤的栗子酱，再以白兰地增加圆润的香味。

无糖发泡鲜奶油

　　乳脂肪成分38％的鲜奶油，一面用电动搅拌机搅打，一面使其膨胀发泡。

不同口味的蒙布朗

法国栗蒙布朗
→P154

材料和做法
和栗蒙布朗

椰子蛋白饼（150份）

蛋白霜
┌ 蛋白 ·············· 600g
└ 白砂糖 ············· 100g
脱脂奶粉 ············· 14g
玉米粉 ·············· 50g
白砂糖 ·············· 500g
纯椰子粉 烤过 ········· 140g
装饰用巧克力
┌ 白巧克力 ··········· 100g
└ 可可奶油 ··········· 100g

1. 在钢盆中混合蛋白霜用的蛋白和白砂糖100g，放入冷冻库充分冷冻备用。
2. 将脱脂奶粉、玉米粉、白砂糖500g和纯椰子粉混合过筛，放入冷冻库冷冻备用。
3. 将1用电动搅拌机从中高速转中速搅打发泡，充分搅打制作蛋白霜。在钢盆底下一面放冰水冷却，一面加入2，用像皮刮刀如切割般迅速混拌，以免破坏面糊里的气泡。
4. 在装了15号圆形挤花嘴的挤花袋中装入3。在烤盘上铺上烤焙垫，从中心呈螺旋状挤成直径6㎝的圆形。
5. 放入90℃的对流式烤箱（湿度0%·风量2）中干烤3小时。
6. 将白巧克力和可可奶油混合，隔水加热煮融，制作覆面用巧克力。用毛刷薄涂在冷冻过的蛋白饼的整个表面。

栗子鲜奶油（15份）

和栗酱（日本熊本县·球磨地方"利平"／仅用无糖栗子）···········500g
香堤鲜奶油（38%鲜奶油·7%糖）
···············200g
白兰地 ·············· 25g

1. 和栗酱用过滤器过滤。
2. 在搅拌缸中放入1的和栗酱，充分搅打发泡的香堤鲜奶油和白兰地，为免混入空气，以低速的浆状拌打器充分混合。

无糖发泡鲜奶油

38%鲜奶油 ················适量

鲜奶油一面用电动搅拌机搅打，一面让它含有空气膨胀发泡。

组合及装饰

（约1份）
和栗涩皮煮 ············· 1.5颗
糖粉 ················适量
巧克力装饰 ············· 1个

1. 在椰子蛋白饼上，挤上少量充分打发的无糖发泡鲜奶油，放上一颗和栗涩皮煮。覆盖般再挤上无糖发泡鲜奶油，制成从椰子蛋白饼起约5㎝高度的圆锥形。
2. 在装了蒙布朗挤花嘴的挤花袋中装入栗子鲜奶油。遮盖椰子蛋白饼，从下往上呈螺旋状无间隙地挤满。高度从下算起约7㎝。
3. 撒上糖粉，放上1/2颗和栗涩皮煮，再装饰上巧克力。

改用利平品种的栗子
重新展现味道的配方

"PÂTISSERIE APLANOS"的主厨朝田晋平先生，注意到店内有许多家庭型的顾客群，因此他注重让顾客从甜点名称到标价牌等各个方面对甜点进行全面了解，同时希望提供使用高级食材的正统甜点。"和栗蒙布朗"就是实现此诉求的代表性甜点之一。

"我经常到处寻找好的食材，以前去日本熊本县球磨地区时并不知道有利平栗。我惊讶于它的美味。虽然价格昂贵，可是我还是想试用看看。"

主厨之前使用和栗制作蒙布朗，改用利平栗后，配方也产生了变化。这种栗子最大的特色是具有浓郁、醇厚的高雅甜味，还包括涩味少、具有浓郁的栗子香味及整体风味平衡佳等特点。

"法国栗蒙布朗"中使用的法制栗子酱，虽然口感浓稠甜味重，不过主厨认为它远不及利平栗的风味高雅。他特别选用日本球磨地区产的利平栗。

鲜奶油尽量简单
以蛋白霜表现个性

这款蒙布朗的构成是，栗子鲜奶油、无糖发泡鲜奶油、和栗涩皮煮，以及椰子蛋白饼。朝田主厨以感觉最美味及容易表现栗子魅力的简单形式来制作。

栗子鲜奶油中，栗子酱的处理方法很重要。栗子蒸熟切成厚片状先冷冻保存，为避免香味散失，需制作前取出需用量解冻。之后用细目过滤器过滤成泥状。为了呈现栗仁的松绵口感，要留些碎粒。

过滤好的栗子酱和香堤鲜奶油及白兰地混合。主厨希望制作口感湿润、细绵的栗子鲜奶油，所以用桨状搅拌器以低速搅拌，以免空气进入。依栗子不同的状况，水分量也有微妙的差异，视情况斟酌香堤鲜奶油的分量，调整出最佳的柔软度，这点也很重要。

一般认为栗子和朗姆酒很对味，朝田主厨觉得它刺激的酒味和独特的香味，会影响利平栗的纤细风味，所以改用风味圆润的白兰地来增加香味。

从蒙布朗的剖面会发现，栗子鲜奶油和下面的无糖发泡鲜奶油的厚度大致相同。主厨希望顾客能充分品味不浓腻的天然栗子鲜奶油的风味，因此分量很足。

无糖发泡鲜奶油的鲜奶油，是用电动搅拌机一面搅打，一面混入空气。膨软轻盈的口感，会更加凸显湿润的栗子鲜奶油。

底座的椰子蛋白饼，也是为了衬托利平栗的美味而设计。减少白砂糖的分量，烤成松脆轻盈的口感，也单纯作为蛋白饼甜点供应，它和脆硬有嚼感的蛋白饼不同。

蛋白饼中还加入烤过的椰子粉，南国风味的香甜味成为重点。也许同样都是味道浓厚的坚果系香味，椰子与和栗的风味彻底融合，出乎意料地合味。

主厨希望蛋白饼质地细致、口感厚重。为此，首先将蛋白和其他材料先充分冷冻备用，以便蛋白可保持温度到最后。中途加入其他材料时小心勿弄破气泡，一面隔着冰水，一面如切割般混拌。

蛋白霜烤干后，裹上防潮用的白巧克力才大功告成。主厨选择无损蒙布朗味道和色感的食材来裹覆。

作为装饰和放在里面的栗子涩皮煮，讲究使用和栗。为了提供刚挤制的美味蒙布朗，主厨尽可能地分次少量备料，现卖现做。

使栗子鲜奶油
呈现恰到好处的味道和口感

HIRO COFFEE

甜点主厨 **藤田 浩司**

淡味蒙布朗

504日元／供应时间　全年

展现栗子风味的鲜奶油与富有口感的鲜奶油，潜藏坚果涩味的蛋糕与蛋白饼，连接两者的是柔软的和栗甘露煮。这是每个部分都经过严格配比的口感轻盈的蒙布朗。

糖粉

以装饰用的防潮型糖粉，呈现雪山的意象。

无糖发泡鲜奶油

两种栗子鲜奶油之间加入简单的发泡鲜奶油，更添乳香味。

栗子鲜奶油A

使用蜜渍栗子，呈现栗子般口感的鲜奶油。打碎意大利产的蜜渍栗子，混入搅打至七分发泡的发泡鲜奶油中混合即成。

和栗涩皮煮

为融合鲜奶油和热那亚蛋糕的口感，选用煮软的涩皮和栗。

栗子鲜奶油B

表现日本人所追求的栗子风味的和栗鲜奶油。和栗酱中加入洋栗的栗子鲜奶油，搅打变细滑，再加入朗姆酒增添芳香。并以鲜奶油呈现轻盈口感。

核桃热那亚蛋糕

不使用杏仁，而是使用核桃粉制作的热那亚蛋糕。核桃和栗子中具有相同的涩味，非常对味。完成后的柔软度近似充分搅打发泡的鲜奶油的口感。

蛋白饼

杏仁蛋白饼＋
喷雾用黑巧克力

使用粗磨的杏仁粉，具有浓郁风味和坚果感的蛋白饼。为了让人感受到苦味，经过了充分烘烤。以巧克力覆盖，能防止受潮。

材料和做法
淡味蒙布朗

杏仁蛋白饼（180份）

冷冻蛋白 ·········· 350g
白砂糖 ·········· 40g
海藻糖 ·········· 15g
糖粉 ·········· 300g
玉米粉 ·········· 30g
杏仁粉（粗磨／西班牙产）·····200g

1. 将蛋白、白砂糖、海藻糖和糖粉混合，充分搅打成九至十分发泡。
2. 玉米粉和杏仁粉混合过筛，加入1中，混合。
3. 在装了7号圆形挤花嘴的挤花袋中装入2，挤成直径约5cm的螺旋状，放入110℃的对流式烤箱中约烤120分钟。

核桃热那亚蛋糕（Pain de Genes）（直径6cm×高2.5cm的不沾模型约24份）

核桃粉（连皮、中碾／法国产）
·········· 180g
白砂糖 ·········· 80g
海藻糖 ·········· 130g
冷冻蛋白 ·········· 30g
全蛋 ·········· 200g
20%加糖蛋黄 ·········· 50g
低筋面粉 ·········· 45g
泡打粉 ·········· 2g
盐 ·········· 2g
清澄无盐奶油液 ·········· 75g
和栗涩皮煮（柔软型）·····约24颗
核桃（烤过）·········· 适量

1. 蛋类冷冻备用（较易含有空气）。低筋面粉、泡打粉和盐混合过筛备用。
2. 除了清澄奶油液、和栗涩皮煮及核桃外，将其他的材料混合，用搅拌机充分搅打至泛白。
3. 将加热至70℃的清澄奶油液加入2中，如切割般混合，以免气泡破掉。
4. 在不沾模型中挤入3，放入一颗和栗涩皮煮，在表面撒上碎核桃。
5. 放入170℃的对流式烤箱中烤约25分钟。

栗子鲜奶油A（约15份）

蜜渍栗子（Maruya "Kastanie 40"）
·········· 300g
32%鲜奶油（明治 "Aziwai 32"）
·········· 70g
40%鲜奶油（明治 "Aziwai 40"）
·········· 80g

1. 蜜渍栗子用电动搅拌机打碎，加入32%鲜奶油。
2. 将40%鲜奶油搅打至七分发泡。
3. 在1中加入2，轻轻混合。

栗子鲜奶油B（约15份）

和栗酱（日本四国产／池传 "女王栗子"）
·········· 250g
栗子鲜奶油（沙巴东公司）······ 50g
朗姆酒（Dillon · Tres Vieux Rhum）
·········· 5g
32%鲜奶油（明治 "Aziwai 32"）
·········· 100g
40%鲜奶油（明治 "Aziwai 40"）
·········· 170g

1. 和栗酱和栗子鲜奶油保持冷冻状态，加入朗姆酒用搅拌机混合。
2. 将1混匀后，慢慢加入32%鲜奶油混成糊状。
3. 将40%鲜奶油搅打至七分发泡。
4. 在2中加入3，用打蛋器轻轻混合。将3的鲜奶油搅打发泡变硬后混合会分离，所以此阶段要一面打发，一面调整硬度，一面混合。

无糖发泡鲜奶油

32%鲜奶油（明治 "Aziwai32"）
·········· 适量

鲜奶油搅打至七至八分发泡。

组合及装饰

喷雾用黑巧克力（※）·········· 适量
糖粉（饰用糖粉）·········· 适量

※喷雾用黑巧克力（备用量）
65%巧克力 ·········· 250g
可可奶油 ·········· 125g

混合材料，以40℃煮融。

1. 将杏仁蛋白饼裹上喷雾用黑巧克力，放在纸上使其凝固。
2. 在1上挤入少量的栗子鲜奶油B，将核桃热那亚蛋糕的烘烤面朝下放入。
3. 将栗子鲜奶油A装入没装挤花嘴的挤花袋中，从2的上面挤成比核桃热那亚蛋糕小一圈，高约3cm的山形。
4. 在装了7号圆形挤花嘴的挤花袋中装入无糖发泡鲜奶油，覆盖3。
5. 在装了半排挤花嘴的挤花袋中装入栗子鲜奶油B，在置于旋转台上的3的周围，以挤花嘴无切口那侧在表面呈螺旋状挤上鲜奶油。挤制时最好一面施加压力，一面快速转动旋转台来挤制。
6. 在5上喷上喷雾用黑巧克力，再撒上糖粉。

以日本四国产和意大利产栗子
分别制作鲜奶油

这款蒙布朗最大的特色是使用两种栗子鲜奶油，不过两者都加入无糖发泡鲜奶油使口感更轻盈。让口感变轻盈的第一个目的是较符合日本人的味觉，第二个目的是能全年供应。从咖啡煎焙到成品全由自家工房包办的"HIRO COFFEE"，蒙布朗是全年供应的商品。因此，藤田浩司主厨的目标是制作夏天也容易食用的"轻盈型"蒙布朗。

两种栗子鲜奶油，一种是和栗鲜奶油，另一种是混入蜜渍洋栗的鲜奶油。

和栗的鲜奶油是和栗酱和发泡鲜奶油混合，以朗姆酒增加香味。最初，主厨采用洋栗酱作为主角，但洋栗酱中大多加入了香草等香料，而且甜味重，又缺少日本人喜爱的松绵的栗子口感。因此，主厨以和栗作为主角，为了加重甜味和细滑口感，加入了少量法国制的栗子鲜奶油以取得平衡。和栗是使用材料商社"池传"独家开发的四国产栗子酱，它是用涩皮和栗蒸过后，以砂糖加工而成。朗姆酒使用被称为朗姆酒种类中的V.S.O.P.的"Dillon·Tres Vieux Rhum"。它具有浓烈的香味，余味绵长。而鲜奶油是使用液状的乳脂肪成分32%的鲜奶油和打至七分发泡的乳脂肪成分40%的鲜奶油两种。想呈现轻爽风味时，选用乳脂肪成分少的奶油较佳，但是不易离水和保形性则是高脂肪的鲜奶油较好。因此，主厨使用两种奶油以维持平衡。

另一种鲜奶油，是在搅打至七分发泡的无糖发泡鲜奶油中混入蜜渍栗子。上述的和栗鲜奶油负责表现栗子的"味道"部分，而这里的则要表现栗子的"口感"。蜜渍栗子是使用意大利产的栗子，只用砂糖加工、糖度40度的产品。用电动搅拌机搅碎，让它呈现自然的颗粒感，直接加入液状的乳脂肪成分32%的鲜奶油融合，再混入搅打至七分发泡乳脂肪成分40%的鲜奶油。鲜奶油中不加砂糖，而是活用蜜渍栗子的甜味。两种鲜奶油都呈现出日本明治时期的"味道"。"因为奶味重，所以我希望能表现口感轻盈的奶味"藤田主厨表示。组装时，两种栗子鲜奶油之间，加入一薄层不混合栗子的无糖发泡鲜奶油，更加强了乳味。

栗子与核桃混合的
热那亚蛋糕作为底座

底座是核桃热那亚蛋糕和加入杏仁粉的蛋白饼。栗子与核桃的组合在日本很罕见，不过在作为产地的法国格勒诺布尔地区（Grenoble）却屡见不鲜。关键在于核桃的涩味与栗子涩皮的涩味具有共同点。主厨认为它是"与传统的配方不同"的独创配方，不用杏仁而用核桃粉，目的是做出口感近似鲜奶油柔软度的蛋糕。因此，为了让充分发泡的面团的气泡尽量不破掉，加入的奶油是加热至70℃的清澄奶油液，使面团整体的温度升高。面团的温度若升高，即使烘烤很短的时间，里面也能烤透，烤好时还能保持水分的含量。

蒙布朗最下面的蛋白饼，使用粗碾的杏仁粉，比起表现口感，主厨更重视增加浓郁度与芳香的坚果感。蛋白饼以低温长时间烘烤，彻底烤干使里面焦糖化，也能增加适度的砂糖苦味。

装饰重点是栗子鲜奶油的挤法。表面是以半排挤花嘴，紧密无间隙地挤上栗子鲜奶油，将蛋糕放在回旋转台上，从能遮住核桃热那亚蛋糕的地方开始挤鲜奶油，多加点压力，让鲜奶油能黏附上去。随着施加压力，旋转台以某种速度旋转，挤制。最后喷上巧克力以防变干，同时在设计上也能加入强弱层次感，再洒上装饰用糖粉即完成。

遵循法国甜点的传统
构成简单的正统风味

BLONDIR

店长兼甜点主厨　**藤原　和彦**

蒙布朗

420日元／供应时间　全年

这是依循基本风格，讲究正统风味的蒙布朗。不过主厨采用更美味的食材，并改进制作方法，完成这款让人能充分享受栗子美味的高雅甜点。

糖粉

成品上面撒上糖粉，忠实呈现正统蒙布朗"覆着白雪的白色山头"（Mont blanc）的外观。

栗子酱

均匀混合香味和味道浓厚的两款法国制栗子酱，还加入淡淡的朗姆酒和白兰地的香味。

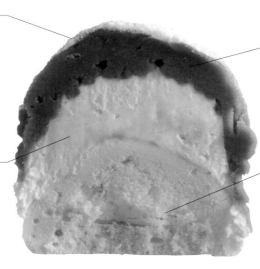

无糖发泡鲜奶油

混合两种鲜奶油使乳脂肪成分变成40%。因栗子酱和蛋白饼的甜味重，所以不加砂糖。

法式蛋白饼

具有强烈存在感的蛋白饼。为避免鲜奶油的水分渗入，调制的蛋白饼面糊如同周围裹着糖粉膜般，经过烘烤能长期保持酥脆口感。

材料和做法
蒙布朗

法式蛋白饼（约30份）

蛋白 ·························· 100g
白砂糖 ························ 100g
糖粉 ·························· 100g

1. 在搅拌缸中放入蛋白，一面慢慢地加入白砂糖，一面充分搅打至发泡。
2. 在**1**中加入糖粉，用扁平勺如切割般混合。
3. 在装了直径2cm的圆形挤花嘴的挤花袋中装入**2**，在铺了烤焙垫的烤盘上，薄挤上直径6cm的圆形。
4. 放入80℃的烤箱中烤8~10小时。

无糖发泡鲜奶油（约10份）

35%鲜奶油 ···················· 200g
45%鲜奶油 ···················· 200g

将两种鲜奶油混合，用搅拌机充分搅打至尖端能竖起的发泡程度。

栗子酱（约10份）

栗子酱（沙巴东公司"AOC Chataigni d'ardechi pate"
·························· 200g
栗子酱（Imbert公司） ········· 200g
朗姆酒（Damoiseau） ·········· 20g
白兰地（Otard） ·············· 20g

全部的材料放入食物调理机中，混拌变细滑为止。

组合及装饰

糖粉（防潮型） ················ 适量

1. 在装了直径2cm的圆形挤花嘴的挤花袋中装入无糖发泡鲜奶油。
2. 在法式蛋白饼的上面，将**1**挤成7~8cm高。
3. 在装了蒙布朗挤花嘴的挤花袋中装入栗子酱，从**2**的上面依序纵、横向挤成十字形。
4. 在底径6cm、高3.7cm的纸杯放入**3**。用手从上面轻轻按压，压缩至蛋糕整体的2/3高度后，撒上糖粉。

一面依循基本形式，
一面改变食材和做法，使其更美味

2004年，"BLONDIR"在日本埼玉县富士见市的新兴住宅区开业。藤原和彦主厨曾任职于巴黎的"Angelina"银座分店，后在洛林区的"Au Palais D'or"等店修业，学习正统的法国甜点。他不局限于学习制作商品，也希望自己能亲身体验法国甜点店的整体气氛，以利未来营造同样氛围的甜点店。

该店的蒙布朗，是在有厚度的松脆蛋白饼上挤上大量无糖发泡鲜奶油，周围挤上法国制栗子酱，再撒上糖粉，即完成。

"我制作甜点的理念是，不破坏法国甜点的传统形式。既然名字称为'蒙布朗'，不就应该依照法国的传统来制作蒙布朗吗？"如藤原主厨所言，他的蒙布朗属于正统派。该店现在供应的蒙布朗，正是他遵守传统，改良食材用法和做法，所完成的更美味产品。

严选香味和味道
持久的栗子酱

主厨尽量不让鲜奶油的水分渗入蛋白饼中，使其保有酥脆的口感。具体的做法是，蛋白中一面慢慢加入等量的白砂糖，一面充分搅打成蛋白霜，最后再加入糖粉混合。这么做据说烤好的蛋白饼表面因糖粉会形成一层薄膜，不仅具有防潮作用，还能使蛋白饼保持口感。

观察该店烤好的蛋白饼，会看到它的表面十分光滑，那就是密实的薄膜。藤原主厨的目标是制作气孔密实、质地细密的蛋白霜，他认为"混合糖粉能做出气泡极细密的蛋白霜"。将蛋白霜糊放入80℃的低温烤箱中，经过8～10小时慢慢地烘烤，能烤出表面泛白、里面呈淡焦褐色的感觉。

挤在蛋白霜上的鲜奶油，不是香堤鲜奶油，而是无糖发泡鲜奶油。主厨认为"因为栗子酱和蛋白饼的甜味重，所以发泡鲜奶油中不加糖"。为了承受挤在上面的栗子酱的重量，鲜奶油彻底打发，以提高保形性。

目前，主厨是使用沙巴东公司的AOC Chataigni d'ardechi pate和Imbert公司的两种栗子酱，以等比例混合。借由选用沙巴东公司没加香草的产品，以及法国Imbert公司减少甜度的产品，来凸显栗子原有的风味

关于食材，主厨的方针是经常试用新产品，以选用更好的产品。他选用栗子酱的基准是，"除了硬度和风味以外，在蛋糕的构成上，因为栗子酱位于最外侧易散发香味，所以香味持久性很重要"。藤原主厨表示。该店的全部商品均可供外卖，因此主厨也很重视挑选风味持久的商品。在栗子酱中还加入了朗姆酒"Damoiseau"及白兰地"Otard"从增加香味。朗姆酒和白兰地的分量，根据栗子酱的硬度、味道等来调整。

蒙布朗的组装重点是挤上栗子酱后，用手轻轻地按压，以便让栗子酱包裹整个蛋糕。主厨表示那是以"压缩"的感觉来进行操作。"我希望将蛋糕轻轻地压缩成原来的三分之二的大小。这么做，里面挤制的鲜奶油的风味会更突出，和浓郁的栗子风味之间也能保持良好的平衡。"

这款蛋糕的构造虽然非常简单，但是每一项食材和每个部分的做法都很讲究。这样的正统蒙布朗，成功吸引了无数"只吃BLONDIR蒙布朗"的死忠甜点迷的支持。

以丹泽栗的浓郁味道与香味
直接传达栗子的魅力

Le Pâtissier
Yokoyama

店长兼主厨　横山　知之

丹泽蒙布朗

430日元／供应时间　全年

这款豪华的蒙布朗使用味道与香味皆浓郁的丹泽栗。在底座达克瓦兹蛋糕和香堤鲜奶油之间，还挤入卡士达酱，使蒙布朗整体更添温润口感。

糖粉

为呈现白朗峰残雪的意象，以顶端为中心撒上少量的糖粉。

栗子鲜奶油

使用日本熊本县球磨地区的丹泽栗制作的栗子酱。在栗子酱中加入鲜奶油和奶油，完成后质地细滑、味道浓郁。

和栗涩皮煮

里面包入一颗大的丹泽栗甘露煮。制作重点是纵向放入栗子，以表现鲜奶油的高度。

香堤鲜奶油

在乳脂肪成分42%的鲜奶油中，加入10%的糖，再加入香草精，搅打至八分发泡。浓厚的美味与栗子鲜奶油形成完美平衡。

达克瓦兹蛋糕

追求与栗子鲜奶油完美合味的蛋糕，主厨选用具有杏仁风味口感的达克瓦兹蛋糕。

卡士达酱

这是散发浓郁蛋香的卡士达酱。与蒙布朗整体融合出圆润的风味。

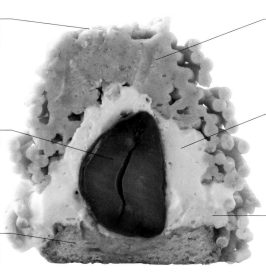

不同口味的蒙布朗

蒙布朗
→P152

达克瓦兹蛋糕（12份）

蛋白霜

蛋白	80ml
白砂糖	24g

杏仁粉	46g
糖粉	46g
低筋面粉	8g

1. 在搅拌缸中放入蛋白打散，一面分两次加入白砂糖，一面以高速充分搅打发泡，制成蛋白霜。
2. 将杏仁粉、糖粉和低筋面粉过筛混合备用。一面慢慢地加入1中，一面避免弄破气泡，用橡皮刮刀如切割般混拌至看不到粉末颗粒为止。
3. 在装了13号圆形挤花嘴的挤花袋中，装入2的面糊。在铁板上铺上烤焙垫，将面糊挤到达克瓦兹蛋糕模型中。拿掉模型，撒上糖粉（材料外），放入190℃的烤箱中约烤15分钟。

卡士达酱（备用量）

鲜奶	360ml
白砂糖	95g
香草棒	1/4根
蛋黄	6个
低筋面粉	14g
玉米粉	14g
无盐奶油	24g
38%鲜奶油	100ml

1. 在锅里放入鲜奶、半量的白砂糖，以及从香草棒中刮出的香草豆和豆荚，开火加热煮沸。
2. 在钢盆中放入蛋黄、剩余的白砂糖，用打蛋器混合。加入预先过筛混合的低筋面粉和玉米粉充分混拌。

3. 在2中倒入1充分混合，一面用网筛过滤，一面倒回锅里。充分加热，加入奶油，用橡皮刮刀混拌变细滑且泛出光泽为止。
4. 在盆底放冰水，一面不时混拌让它变凉。温度降至12℃以下时，加入搅打至七分发泡的鲜奶油混合。

香堤鲜奶油（备用量）

42%鲜奶油	500ml
白砂糖	50g
香草精	1～2滴

在搅拌缸中混合所有材料，以高速搅打至八分发泡。

栗子鲜奶油（备用量）

和栗酱（日本熊本县·球磨地方"丹泽"）	500g
无盐奶油	100g
38%鲜奶油	150ml
朗姆酒（黑）	7ml

1. 在组合不锈钢刀的食物调理机中放入和栗酱搅打，整体搅打变软后，慢慢加入的乳脂状的奶油。
2. 奶油和整体融合后，一起加入鲜奶油和朗姆酒混合。若过度混拌则鲜奶油会变软，所以整体混合均匀即停止。

组合及装饰

（1份）

和栗涩皮煮	1颗
糖粉	适量

1. 在装了10号圆形挤花嘴的挤花袋中装入卡士达酱，在达克瓦兹蛋糕的表面整体挤上2cm厚的一层。为了让鲜奶油有高度，和栗涩皮煮的横宽面纵向插入中心。
2. 在装了10号圆形挤花嘴的挤花袋中装入香堤鲜奶油，如同覆盖栗子般从下往上呈螺旋状挤制（1个约20g）。
3. 在装了蒙布朗挤花嘴的挤花袋中装入栗子鲜奶油，如覆盖香堤鲜奶油般从下往上呈螺旋状无间隙地挤制（1个约60g）。撒上糖粉。

挑选最适合的品种
以完成自己追求的味道

"LE PÂTISSIER"的主厨横山知之先生表示"和栗蒙布朗形成流行的风潮，是近10～15年的事。其间，和栗本身的味道不但变得更美味，蒙布朗种类也增加了许多"。

该店的"丹泽蒙布朗"，是使用日本熊本县球磨地区收成的丹泽种和栗。横山先生从日本全国各地少量订购各种受到好评的栗子，经过试吃比较，挑选出这种栗子。它的味道和香味的浓郁度，最符合主厨的喜好。

"我虽然很重视栗子本身的味道，但是是否适合作为我想制作的蒙布朗的食材，这点也更重要。我使用各式各样的栗子，实验各种配方和结构后，发现只有这种栗子，才能呈现出我心目中理想的蒙布朗的味道。"

该店与其他分店一天共计可卖出"丹泽蒙布朗"50个，另一种"蒙布朗"80个。因为使用的丹泽栗子酱用量很大，该店无法一直采购备料，所以委托专人先将栗子处理成无糖的泥状，以冷冻保存以确保一年的用量。

"最近食品公司的加工、冷冻保存技术有长足的进步。比起本店自己制作，委托给专业者会更好。"主厨说。

通过先进的技术，能长时间完整保存丰收时的新鲜风味，这样，就能全年制作味道稳定的栗子鲜奶油。

主厨原本很重视季节感，蒙布朗只限秋季供应，不过蒙布朗这样的正统甜点成为人气商品后，现已全年销售。"丹泽蒙布朗"订价430日元，算是该店比较贵的商品，但依旧十分畅销。

大量使用丹泽栗
直接展现魅力

横山主厨希望以丹泽栗制作的是"凝缩栗子美味"的蒙布朗。组装上包括栗子鲜奶油、香堤鲜奶油、卡士达酱、和栗涩皮煮和达克瓦兹蛋糕。

一个蒙布朗上挤上60g栗子鲜奶油，是20g香堤鲜奶油的三倍量。中央还放入一大颗的和栗甘露煮，不仅品质，连分量也会提高满意度，豪华的美味成为最大的吸引力。

栗子鲜奶油是一面以食物调理机搅拌稍具颗粒感的和栗酱，一面依次序加入奶油和鲜奶油混合，让它从黏稠的块状稀释成鲜奶油。为提高保存性虽然和栗酱中加入25%的糖，但是和卡士达酱和香堤鲜奶油一起入口后，能调和甜味和乳制品的浓郁度，在浓郁感和圆润度上都留给人恰到好处的印象。

组装时，栗子鲜奶油挤成稍粗的绳状，在外观上也表现出朴素又强烈的和栗风味。

香堤鲜奶油是在乳脂肪成分42%的鲜奶油中，加入10%分量搅打成八分发泡的砂糖。微甜的浓郁鲜奶油与风格强烈的栗子鲜奶油形成绝妙的平衡。

成品底部是表面挤上卡士达酱的达克瓦兹蛋糕。主厨表示，卡士达酱的作用是"添加香堤鲜奶油所缺乏的风味与厚味，使甜点整体更圆润"。通过丰醇的蛋的风味，使蒙布朗整体的口感与风味更为提升。

底座采用达克瓦兹蛋糕。一般的海绵蛋糕风味不及丹泽栗子鲜奶油，但富杏仁香味与浓郁度的厚味达克瓦兹蛋糕则与它不相上下。另一种口味"蒙布朗"的底座也是采用蛋白霜，所以"丹泽蒙布朗"采用达克瓦兹蛋糕。重点是表面有点硬的口感，以及里面的湿润感。

供应"丹泽蒙布朗"时，主厨原考虑只制作这种风评佳的口味，不过385日元价格实惠的"蒙布朗"的销量逐渐提高，所以现在该店全年同时供应这两种口味的蒙布朗。

以西式甜点般的表现
传达和栗的美味

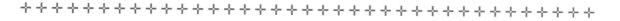

Pâtisserie
CERCLE TROIS

店长兼甜点主厨　**浅田 薫**

和栗蒙布朗

493日元／供应时间　9月至次年3月

在起酥派皮和杏仁鲜奶油的底座上，挤上慕斯林鲜奶油、香堤鲜奶油和栗子三种鲜奶油。由整体的平衡来决定三层鲜奶油的各自的分量，使栗子的香味更突出。

和栗涩皮煮

使用煮至柔软、甜味低的和栗产品。

蒙布朗鲜奶油

由三田产栗子制的独创风味栗子酱、卡士达酱和鲜奶油混合而成。为呈现西洋甜点般的细滑口感，须用网筛过滤。

香堤鲜奶油

由乳脂肪成分40％的鲜奶油搅打至八分发泡即成。为了爽口，特别减少了甜味。

慕斯林奶油酱

卡士达酱中混合搅打至八分发泡的鲜奶油，是连接和栗甘露煮和底座的浓味鲜奶油。

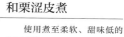

速成起酥皮

这是为了凸显栗子的甜味，不加砂糖，只加少量盐的折叠派皮。让它充分烘烤，以散发香味。

杏仁栗子鲜奶油

混入日本三田产栗子酱的栗子风味的杏仁鲜奶油。更增加了蒙布朗整体的栗子风味，挤入起酥皮和鲜奶油之间，还能防潮。

材料和做法
和栗蒙布朗

速成起酥皮（Feuilletage rapide）
（约60份）

高筋面粉 ················· 175g
低筋面粉 ··················· 75g
盐 ························· 10g
发酵奶油 ················· 200g
水 ······················· 125ml

1. 在高筋面粉和低筋面粉中加盐混合，再加入奶油。
2. 在1中加入水、面粉和奶油混合。
3. 将2揉成团，用保鲜膜包好，放入冷藏库中30分钟使其松弛。
4. 将3取出，进行两次折三折操作，再放入冷藏库30分钟使其松弛。
5. 再进行一次步骤4。
6. 再进行一次步骤5的折三折操作，擀成2.5mm厚，放入冷藏库30分钟使其松弛。
7. 用直径7cm的圆形切模切割。

杏仁栗子鲜奶油（约60份）

和栗酱（日本兵库县三田产／Yanagawa"三田栗子酱"）······300g
鲜奶 ······················ 60ml
杏仁鲜奶油（※1）·············· 800g
卡士达酱（※2）················ 100g

※1 杏仁鲜奶油（备用量）

无盐奶油 ··················· 450g
白砂糖 ····················· 375g
海藻糖 ······················ 40g
低筋面粉 ···················· 30g
杏仁粉 ····················· 440g
全蛋 ······················ 390g
盐 ························ 1.5g

1. 将放在室温回软的奶油放入钢盆中，用打蛋器混合变细滑。
2. 将白砂糖、海藻糖和盐混合，分数次加入1中，混合。
3. 将降至室温程度的全蛋少量放入2中，充分混合。若已混合再加入同样少量的全蛋，重复操作混合全部的量。
4. 低筋面粉和杏仁粉混合过筛，分2～3次加入3中，如切割般混合。放入冷藏库一晚让它松弛。

※2 卡士达酱（备用量）

鲜奶 ····················· 1000ml
白砂糖 ····················· 200g
全蛋 ······················ 150g
蛋黄 ······················ 150g
香草棒 ······················ 1根
高筋面粉 ···················· 50g
低筋面粉 ···················· 40g
无盐奶油 ···················· 50g

1. 在锅里放入鲜奶和一部分的白砂糖，加入香草棒煮沸。
2. 在钢盆中放入全蛋和蛋黄混合，加入剩余的白砂糖和粉类混合，再加入1。
3. 过滤2，倒回锅里煮好。
4. 在3中加入奶油，盖上保鲜膜，放入冷藏库冷却。

---

1. 在和栗酱中倒入鲜奶，用搅拌机混合。
2. 在1中加入杏仁鲜奶油，混合。
3. 在2中加入卡士达酱，混合。放入冷藏库一晚使其松弛。

慕斯林奶油酱
（crème mousseline）（约10份）

卡士达酱（参照"杏仁栗子鲜奶油"）·················· 200g
40%鲜奶油 ·················· 75ml

将卡士达酱和搅打至八分发泡的鲜奶油混合。

香堤鲜奶油（约10份）

40%鲜奶油 ················· 200ml
白砂糖 ······················ 15g

鲜奶油中加入白砂糖，搅打至八分发泡。

蒙布朗鲜奶油（10份）

和栗酱（日本兵库县三田产／Yanagawa"三田栗子酱"）·····200g
卡士达酱（参照"杏仁栗子鲜奶油"）·················· 100g
35%鲜奶油·················· 适量

1. 将和栗酱和卡士达酱用搅拌机混合。
2. 在1中加入鲜奶油，调整硬度和浓度。
3. 将2用网筛过滤。

组合及装饰

和栗涩皮煮·················· 适量

1. 在速成起酥皮上戳洞，上面挤上小一圈的杏仁栗子鲜奶油，放入180℃的烤箱中烤约30分钟。
2. 将1放凉，挤上慕斯林奶油酱，1个蒙布朗放上1/2颗和栗涩皮煮，压入慕斯林奶油酱中。
3. 在2的上面，用直径14mm的圆形挤花嘴呈螺旋状挤上香堤鲜奶油。
4. 在3的周围，用蒙布朗挤花嘴呈螺旋状挤上蒙布朗鲜奶油。
5. 在4的上面，1个蒙布朗放上1/2颗和栗涩皮煮。

选择容易了解的
外型及美味

"CERCLE TROIS"位于宁静住宅区。这家本地人喜爱的店里，"和栗蒙布朗"这个冷藏类甜点的销售量，是其他季节商品的一倍。

之前浅田薰主厨使用日本九州产的栗子，不过他努力寻找本地的产品，最后找到日本兵库县三田产的栗子（通称三田栗）。它具有主厨要求的"松绵感"，味道与风味都具有和栗应有的冲击感。自此之后，该店的蒙布朗只使用三田栗。

三田栗的栗子酱糖度低，是厂商开发的独创产品。但是，该店陈列柜中的蒙布朗只简单标示"和栗蒙布朗"。外型也平淡无奇。浅田主厨表示"虽然标示出三田栗的品牌名声比较好，但我认为使用美味的食材是理所当然的事，并不想特别标示。大家已经很熟悉神户的洗练蛋糕，已能凭味道来挑选。现在蒙布朗的外型五花八门，我想让顾客能很容易认出，所以制作成标准的外型。"

基于这种想法的浅田主厨，并不想表现日本人喜爱的栗子"松绵感"把蒙布朗做得像和果子，而希望表现西洋甜点般的栗子感。经过不断尝试努力，最后开发出的甜点就是现在的"和栗蒙布朗"。

所有的元素都为了
凸显三田栗子

主角栗子鲜奶油（蒙布朗鲜奶油）中，只加入少量的鲜奶油，不过主厨也会根据气候或天气来斟酌分量。"天气较冷时，人们比较想吃浓郁的鲜奶油，所以我会减少鲜奶油的分量，提高栗子鲜奶油的浓度。相反地，天气较热时，我会增加鲜奶油的分量，让栗子鲜奶油吃起来清爽些。"而且，主厨还花工夫过滤，让栗子鲜奶油的口感变得更细绵。这种绵细的口感，让人感受到的是"西洋"感，而非"和风"感。

蒙布朗整体的构成上活用和栗感。细节部分经仔细考虑，包括以下数个部分。

底座是起酥皮和杏仁鲜奶油组成的塔。主厨不用蛋白饼，是因为味甜的蛋白霜让人无法感受到和栗的纤细甜味。基于同样的原因，起酥皮面团中不加糖只加盐，通过咸味的对比，凸显出栗子的甜味。

塔面团用速成起酥皮烘烤出扎实的口感和香味，上面再挤入混合三田栗子酱的杏仁鲜奶油一起烘烤。杏仁鲜奶油作为塔和鲜奶油之间的缓冲，可避免鲜奶油和塔直接接触而受潮。

混合栗子酱的杏仁鲜奶油，或许有人认为杏仁的香味不是会盖住栗子的香味吗？栗子非果实而是种子，和杏仁同样是坚果，所以没有问题。但是，杏仁种类不同，味道也不同，有别于一般塔所用的杏仁粉，主厨特别挑选适合三田栗风味的产品。此外，为避免破坏栗子的风味，蒙布朗中不加洋酒。主厨为了让孩子也能食用，店内绝大多数的蛋糕都不加酒。

鲜奶油是香堤鲜奶油、慕斯林奶油酱和栗子鲜奶油三种结构。主厨不希望蒙布朗给人以"充满鲜奶油的甜点"的印象，他认为最好组合不同的鲜奶油，让人容易食用。但是，三种鲜奶油要如何取得平衡呢？容易食用的香堤鲜奶油分量最多，还能降低甜味，浓厚的慕斯林鲜奶油具有连接底座和栗子的作用，分量可以少一点。基于味道的平衡，作为主角的栗子鲜奶油则要比香堤鲜奶油少一点。主厨希望顾客吃完一个蒙布朗后，不只留下栗子鲜奶油的印象，而是觉得整体很美味。经过不断地调整比例，终于完成这样的作品。主厨认为将蛋糕视为一个整体来维持平衡非常重要。

使用法国制栗子酱
全年都能决胜负的稳定味道

112

Pâtisserie Etienne

店长兼主厨　藤本 智美

蒙布朗

480日元／供应时间　全年

这是以崭新的设计来表现广受顾客喜爱的"美味"蒙布朗。主厨重视松脆、富有厚度的蛋白饼和纤细栗子鲜奶油的整体感，完成让人百吃不厌的美味。

糖粉

如覆盖整体般撒在上面的糖粉，给人高尚雅致的感觉。

栗子鲜奶油B

液态鲜奶油和搅打至四分发泡的鲜奶油，双份混合搅拌。让它含有少量空气，形成轻柔细滑的口感。

兰姆栗子

糖渍栗子（碎栗）用热水大略清洗，以朗姆酒腌渍后使用。糖渍栗子和栗子鲜奶油都是Facor公司的产品。

榛果蛋白饼

使用海藻糖，散发清爽的甜味。榛果粉酥脆的口感和香味，成为甜点的特色重点。

卡士达泡芙饼

这是应用卡士达酱时所激发的灵感。卡士达酱和泡芙面团混合，擀薄烘烤，活用作为装饰。外观给人时尚的感觉。

兰姆鲜奶油

散发淡淡的朗姆酒香味的无糖鲜奶油。加入吉利丁以强化保形性。

栗子鲜奶油A

以栗子酱、无盐奶油和鲜奶等混合而成的鲜奶油。具有使整体味道均衡的调味作用。

巧克力喷雾

为防止受潮，薄薄地喷在榛果蛋白饼的表面。

材料和做法
蒙布朗

榛果蛋白饼（30份）

蛋白霜
- 蛋白 …………………………… 200g
- 白砂糖 …………………………… 156g
- 海藻糖 …………………………… 44g
- 白砂糖 …………………………… 133g
- 榛果粉 …………………………… 133g

1. 将蛋白、白砂糖156g和海藻糖混合，用电动搅拌机搅打至八分发泡，制成蛋白霜。
2. 白砂糖133g和榛果粉混合过筛加入1中，用橡皮刮刀混合。
3. 用圆形挤花嘴挤在直径6cm的中空圈模中，放入110℃的烤箱中烤1小时，再升至130℃烤90分钟。

喷雾巧克力（30份）

- 55%巧克力 …………………………… 200g
- 可可粉 …………………………… 133g

混合材料煮融。

栗子鲜奶油A（30份）

- 栗子酱（Facor公司） …………… 125g
- 无盐奶油 …………………………… 50g
- 鲜奶 …………………………… 19g
- 脱脂奶粉 …………………………… 1.5g
- 朗姆酒（Negrita Rum 54°） …… 9g

1. 栗子酱用桨状拌打器打散，慢慢加入常温的无盐奶油，混拌到与栗子酱混合匀。
2. 混合鲜奶、脱脂奶粉和朗姆酒，加热至人体体温程度，慢慢地加入1中混合。
3. 用直径6mm的圆形挤花嘴挤成直径3cm的环状，冷冻使其凝固。

兰姆栗子（30份）

糖渍栗子（Facor公司／碎栗）
…………………………… 150g
朗姆酒（Negrita Rum 54°） … 10g

1. 以糖浆腌渍的碎栗用热水大略清洗。
2. 涂上朗姆酒。

兰姆鲜奶油（30份）

- 35%鲜奶油 …………………………… 300g
- 朗姆酒（Negrita Rum 54°） … 1.5g
- 吉利丁粉 …………………………… 2.4g
- 水 …………………………… 12g

1. 在鲜奶油中加入朗姆酒，搅打至六分发泡。
2. 在1中加入泡水回软的吉利丁，用打蛋器搅打至七分发泡。

栗子鲜奶油B（30份）

- 栗子酱（Facor公司） …………… 200g
- 35%鲜奶油 …………………………… 108g
- 35%鲜奶油（搅打至四分发泡）
…………………………… 72g

1. 用桨状拌打器搅打栗子酱，慢慢加入108g的液态鲜奶油。
2. 加入搅打至四分发泡的鲜奶油72g，改用打蛋器，以四分发泡为标准，一面确认硬度，一面迅速混合。

组合及装饰

卡士达泡芙饼（Patti chou）（※）
…………………………… 适量
糖粉（装饰用糖粉） …………… 适量

※泡芙卡士达酱
卡士达酱和泡芙面团以1：1的比例混合，薄薄地擀开，放入140℃的烤箱中烤45分钟。放凉后切成适当的大小。

1. 为防止受潮，在榛果蛋白饼上喷上巧克力喷雾。
2. 放上栗子鲜奶油A，其中分别放入5g的兰姆栗子。
3. 呈螺旋状挤上兰姆鲜奶油，如覆盖鲜奶油般，再用平形挤花嘴同样呈螺旋状挤上栗子鲜奶油B。侧面贴上卡士达泡芙饼，最后撒上糖粉。

追求即使每天吃
也吃不腻的"稳定美味"

"Pâtisserie Etienne"提供使用法国制栗子酱制作全年供应的蒙布朗，以及使用和栗制作秋季限制供应的蒙布朗。

这次介绍的是全年供应的蒙布朗，藤本智美主厨制作这款蛋糕时，所追求的是"每天吃都吃不腻，何时吃都美味"的稳定味道。

"第一口给人强烈的冲击感，让人觉得'超美味'的甜点，最后很容易让人吃腻，相对地，味道如果太柔和，给人的印象也会变淡。我想达到的目标是介于两者之间。希望让任何人吃到最后还会自然地伸手拿取，或者留下还想再吃的美好印象。我的目标就是完成那种'第一口到最后一口都美味'的蒙布朗。"

蒙布朗的构成，藤本主厨最重视的是"整体平衡"。主厨重视各部分保持良好平衡的整体感，而不是凸显某种特别化的个性，如强调栗子鲜奶油的味道，或是放入大颗栗子等。他希望完成的蒙布朗，不会凸显栗子的存在感。

使用栗子酱
避免味道的改变

为了维持整体良好的平衡，主厨对于底座的蛋白饼花了许多工夫。目前这款蒙布朗，是以主厨过去的配方为基础制作的，但是，他不喜欢蛋白饼特有的黏腻的甜味。

于是他变更做法，将一部分白砂糖换成海藻糖，加入大量的榛果粉，烘烤成较厚的蛋白饼。

海藻糖使蛋白饼的甜味变得清新爽口，也提升了气泡的稳定性，使蛋白饼原有的口感更上一层楼。此外，榛果粉的酥脆口感，散发与栗子类似的坚果芳香，使蛋白饼和鲜奶油之间也变得更平衡。

栗子鲜奶油中使用的栗子酱，是使用法国Facor公司的产品。主厨喜爱它具有的栗子丰美的香味和适度的甜味。

主厨原本希望以店内自制的栗子酱来组装，不过，不同时期的生栗味道不同。而且，该店还没确立稳定的栗子源，同时考量到成本方面，所以主厨选择使用栗子酱。

栗子酱很难凸显栗子的香味，但主厨不想采用增加用量来使味道变得浓厚。因此，他决定制作成日本人喜欢的口感柔软、轻盈的栗子鲜奶油。最初他用液态鲜奶油稀释栗子酱，再加入搅打至四分发泡的鲜奶油，一面用打蛋器混合，一面混入空气。重点是以手的感觉来确认栗子鲜奶油的微妙变化，以达到理想的硬度和获得轻盈口感。

兰姆鲜奶油加入鲜奶油的0.8%量的吉利丁来提高保形性，以稳固支撑栗子鲜奶油。只需使用微量的朗姆酒香，便能抑制鲜奶油的乳腥味。

糖渍栗子上涂上朗姆酒，包入中心的兰姆栗子，是作为口感和甜味的重点。为了不模糊蒙布朗整体的味道，主厨用栗子和蛋白饼的甜味，来增加风味的强弱层次。

兰姆栗子的周围，也挤上少量以栗子酱和奶油混合成的栗子鲜奶油。与外侧的栗子鲜奶油相比，这个鲜奶油的特色是加入的奶油口感稍硬。外侧和中心因为食用入口时有时间差，味道也会有少许的变化。希望让顾客也能享受到这种微妙的变化，是藤本主厨在组合味道上的独到之处。

贴在外侧的卡士达泡芙饼，以卡士达酱和泡芙面团组合烘烤而成。挤制的鲜奶油，高度和形状难免不一致，泡芙饼除了能够遮掩还能使蒙布朗看起来更具时尚感。更广泛地活用卡士达酱也是优点之一。

柔和香味的谐调和风感觉
能享受和栗和抹茶的

Les Créations de Pâtissier
SHIBUI

店长兼主厨　涩井　洋

和栗蒙布朗

480日元／供应时间　全年

　　这款日式甜点感觉的蒙布朗，是主厨从日式甜点"栗金团"中激发的创意。豪华地使用两种和栗，组合上抹茶味的达克瓦兹蛋糕，表现出日式食材特有的柔和香味与味道。

和栗甘露煮

和栗涩皮煮

　　顶端装饰两种和栗，外观深深吸引喜爱栗子的人的目光。不同时期，使用和栗的产地也有变化。另外还装饰南天竹作为重点色彩。

糖粉

　　在顶端撒上防潮型糖粉。

和栗甘露煮

　　和栗甘露煮不仅用来作为装饰，里面也包入一整颗。一个蛋糕上使用两个的分量，让人充分享受豪华感。

和栗鲜奶油

　　这个绵细的鲜奶油，只用和栗酱、糖浆和水制作而成，饱含空气口感轻盈。通过气泡破裂来凸显栗子香味，都是经过仔细计算。

迪普洛曼鲜奶油

　　为凸显栗子的香味，用味甜、浓郁的卡士达酱和香堤鲜奶油组合而成。

宇治抹茶达克瓦兹蛋糕

　　重视松脆口感所制作的达克瓦兹蛋糕。在底部垫着宇治抹茶达克瓦兹蛋糕，享受和栗之后，还能品味抹茶的香味。美丽的色彩也是魅力之一。

不同口味的蒙布朗

巧克力醋栗蒙布朗
→P153

材料和做法
和栗蒙布朗

宇治抹茶达克瓦兹蛋糕
（约100份）

A
- 杏仁粉 ·······················250g
- 糖粉 ·························300g
- 低筋面粉 ····················40g
- 宇治抹茶粉 ··················24g

蛋白霜
- 蛋白 ························320g
- 干燥蛋白 ······················8g
- 白砂糖 ·······················50g

糖粉 ····························适量

1. 将A的粉类混合过筛备用。
2. 将蛋白和干燥蛋白放入搅拌缸中搅打发泡。途中一面分3次加入白砂糖，一面充分搅打发泡。
3. 在2中加入1，用扁平勺充分混拌至没有颗粒为止。
4. 在装了15号圆形挤花嘴的挤花袋中装入3，在铺了烤焙纸的烤盘上挤成直径5cm的圆形。在表面撒满糖粉，放置10分钟后再撒一次。
5. 放入上火180℃、下火150℃的烤箱中约烤14分钟，放凉备用。

迪普洛曼鲜奶油
（约50份）

卡士达酱（※）·················200g

香堤鲜奶油
- 35%鲜奶油 ··················980g
- 白砂糖 ·······················49g
- 海藻糖 ·······················49g

※卡士达酱
（备用量1440g）

鲜奶 ·······················1000㎖
香草棒 ··························1根
蛋黄 ·························240g
白砂糖 ························240g
低筋面粉 ······················100g

1. 在鲜奶中放入从香草棒中刮出的香草豆，煮沸。
2. 在钢盆中放入蛋黄和白砂糖混合，加入筛过的低筋面粉混合。
3. 在2中一面分数次加入1，一面混合，然后一面过滤，一面移回锅里，再开火加热。用木匙边混合，边煮至泛出光泽。
4. 将3离火，放入方形浅钢盘中，盖上保鲜膜，放入冷藏库中急速冷却。

1. 将鲜奶油、白砂糖和海藻糖，用电动搅拌机充分搅打至尖端能竖起的发泡状态。
2. 打散的卡士达酱中，加入1的香堤鲜奶油，用橡皮刮刀如切割般混合。

和栗鲜奶油（约25份）

和栗酱（日本熊本县产）······1000g
糖浆（波美度30°）···········100g
水 ····························100g

将糖浆和水的混合物，一面加入和栗酱中，一面用电动搅拌机慢慢混合，混入空气。

组合及装饰

（1份）
和栗甘露煮 ····················1颗
和栗甘露煮（装饰用）·········1/2颗
和栗涩皮煮（装饰用）·········1/2颗
南天竹 ························适量
糖粉（防潮型）················适量

1. 在宇治抹茶达克瓦兹蛋糕的中央放上和栗甘露煮，在装了15号圆形挤花嘴的挤花袋中装入迪普洛曼鲜奶油，挤上25g（高4cm）。
2. 在装了半排挤花嘴的挤花袋中装入栗子鲜奶油，如同覆盖1般从下往上挤。
3. 撒上糖粉，装饰上切半的和栗甘露煮、和栗涩皮煮和南天竹。

活用两种和栗和
宇治抹茶达克瓦兹蛋糕香

涩井洋主厨曾经陆续的在"Lecomte"、"Troisgros"和"Quatre"等多家名店磨炼技术，于2008年独立开设了"Pâtissier SHIBUI"。他一面充分活用食材，一面以制作"自己觉得美味的甜点"为宗旨，持续提供味道和外观均讲究的甜点。

该店从2010年开始提供"和栗蒙布朗"。过去，该店的招牌商品一直是使用法国制栗子酱的"巧克力醋栗蒙布朗"，而此款是以和栗为主角所开发的蒙布朗。

"和栗蒙布朗"的构成，底部是宇治抹茶达克瓦兹蛋糕，中间是包入和栗甘露煮的迪普洛曼鲜奶油，周围再挤上和栗鲜奶油，上面以和栗甘露煮和涩皮煮两种栗子作为装饰。这是运用和栗及抹茶等"日式食材"，以及这些食材具有的柔和纤细"香味"。以这两大主题所开发的蛋糕，甚至赢得顾客"吃后很感动"的好评，之前虽然限定季节销售，不过现在已是全年供应的招牌商品。

以饱含气泡的鲜奶油
扩散和栗的香味

开发这款蒙布朗的涩井主厨，据说他是以日式甜点的"栗金团"为意象想象出来的，搭配同样是"日式风"感觉的"抹茶"食材。在底部是宇治抹茶达克瓦兹蛋糕，主厨希望顾客享用时，在和栗香味后还能感受到抹茶的芳香，同时里面呈现抹茶绿色，还具有让人享受色彩美感的效果。

可是，主厨为何不用蛋白饼，而使用达克瓦兹蛋糕呢？

主厨首要考虑的是，"里面的鲜奶油若不甜，则无法凸显和栗的香味"。涩井主厨不是用无糖的鲜奶油，而是在香堤鲜奶油中加入卡士达酱，制成迪普洛曼鲜奶油。这样底部若是蛋白饼，味道会太甜，蛋糕的融口性太好但口感又不够。主厨想呈现适度的酥脆口感，一口咬下时还能凸显抹茶香味的鲜奶油，因此，选择最理想的达克瓦兹蛋糕。

制作达克瓦兹蛋糕时需注意的是，要减少蛋白霜的砂糖量。若糖分太多蛋白中所含的蛋白质会发黏，容易丧失酥脆的口感。

另一项重点是在蛋白霜中混入粉类时，充分混合，以避免形成粉粒。和混合马卡龙面糊的操作类似，以黏稠的状态为标准。挤入面糊烘烤前撒两次糖粉。第一次撒好糖粉后暂放，让表面形成糖衣，这样烘烤时，具有减少面糊中的水分，使其膨胀的作用。第二次撒的糖粉，则具有防止焦糖化，不烤出焦色的作用。

挤在周围的和栗鲜奶油中使用的和栗酱，依不同的时间，分别使用严选自日本熊本、宫崎、四国等地，具浓郁栗子香味的产品。该店的和栗鲜奶油只用和栗酱、糖浆和水制作，风味单纯。鲜奶油等乳制品具有遮味的效果，主厨认为它会破坏和栗的优雅香味，所以和栗鲜奶油中不使用。

和栗鲜奶油的制作重点是，用搅拌机搅拌和栗酱、糖浆和水，充分搅拌发泡至泛白为止。

"入口后，栗香味瞬间在口中扩散开来，能给人强烈的冲击感"涩井主厨表示。

组装方面，先在宇治抹茶达克瓦兹蛋糕上放一颗和栗甘露煮，挤上山形般的迪普洛曼鲜奶油，再从下往上挤上和栗鲜奶油覆盖。借由简单挤上和栗鲜奶油，来凸显两种豪华和栗装饰的存在感。

材料和构成元素精心研究
无论多久依然美味

Pâtisserie
LA NOBOUTIQUE

店长兼甜点主厨　日高 宣博

和栗蒙布朗

450日元／供应时间　秋季至次年春季

在日本人喜受的酥松口感的达克瓦兹蛋糕面糊中，加入榛果粉以提升风味，和栗鲜奶油则是在日本熊本县产和栗酱中混入白豆泥来凸显高雅的甜味。

糖粉

撒上防潮型糖粉，表现山顶的积雪。

和栗甘露煮

为活用和栗特有的柔和香味和甜味，选择硬度适中的产品。

巧克力淋酱

加入奶油融口性更佳，加入水饴和材料不易分离。

和栗鲜奶油

使用品质和味道均优的日本熊本县产栗子酱。为了活用和栗特有的香味和淡雅的味道，加入乳脂肪成分稍低的鲜奶油和白豆馅混合。

香堤鲜奶油

用海藻糖呈现淡淡的甜味，以香草精和君度橙酒加强香味。

达克瓦兹蛋糕

这是加入榛果粉提高风味的达克瓦兹蛋糕。蛋糕吸收鲜奶油的水分后，食用时具有恰到好处的湿润口感。

不同口味的蒙布朗

蒙布朗塔
→P152

材料和做法
和栗蒙布朗

达克瓦兹蛋糕（约20份）

蛋白霜
蛋白	165g
干燥蛋白	4g
白砂糖	55g

A
杏仁粉（西班牙产）	75g
榛果粉	13g
低筋面粉（日清制粉"Violet"）	24g
糖粉	77g

1. 在钢盆中放入蛋白和干燥蛋白，一面分3次加入白砂糖，一面充分搅打成尖端能竖起的发泡状态，制成蛋白霜。
2. 全部加入事先过筛混合好的A和糖粉，为避免蛋白霜的气泡破掉，用橡皮刮刀如切割般混拌。
3. 烤盘上铺上烤焙垫，放上直径6.5cm的中空圈模备用。在装了圆形挤花嘴的挤花袋中装入面糊，挤到中空圈模中，厚度约2cm，拿掉中空圈模。
4. 在表面均匀地撒上糖粉（分量外），融化后再撒一次（共撒两次）。放入180℃的对流式烤箱中约烤18分钟。

巧克力淋酱（约20份）

58%巧克力（Cacao Barry公司Cacao Barry"mi-amer"）	70g
38%鲜奶油	80g
水饴	30g
无盐奶油	25g

1. 巧克力煮融约调整至50℃。
2. 鲜奶油和水饴加热煮沸。
3. 在1中一面慢慢加入2，一面用橡皮刮刀混合使其乳化。
4. 加入搅拌变柔软的奶油，用橡皮刮刀混拌变细滑。移至浅钢盘中，用保鲜膜纸盖好，稍微变凉后冷藏保存。

和栗鲜奶油（约20份）

和栗酱（日本熊本县产）	600g
白豆泥（白扁豆的豆泥）	150g
40%鲜奶油	540g
香草精	少量

1. 在搅拌缸中放入和栗酱和白豆泥，以低速桨状拌打器仔细混拌。
2. 一面慢慢加入鲜奶油，一面以低速的桨状拌打器混拌，以免产生气泡，混合均匀后加入香草精以增加风味。

香堤鲜奶油（约20份）

42%鲜奶油	400g
白砂糖	20g
海藻糖	20g
香草精	适量
君度橙酒	10g

混合全部的材料搅打至八分发泡。

组合及装饰

（20份）
和栗甘露煮	20颗
糖粉（防潮型）	适量

1. 在变凉的达克瓦兹蛋糕中央挤入少量巧克力淋酱，放上和栗甘露煮使其固定。
2. 如覆盖整体般用和栗鲜奶油挤成山形，放入冷冻库冷冻凝固。
3. 如同覆盖2般，用圆形挤花嘴挤上香堤鲜奶油，再如覆盖整体般用蒙布朗挤花嘴挤上和栗鲜奶油。最后撒上糖粉。

不断精心研究
外带依然美味

"本店仅有外卖服务，为了让甜点带回家后依然美味，在配方和构造上我都经过仔细考虑。"如日高宣博主厨所说，这款和栗蒙布朗特别采用达克瓦兹蛋糕作为底座。

顾客买回后有时不会立刻食用，为了让底座的达克瓦兹蛋糕在吸收鲜奶油的水分后，口感变得恰到好处，主厨烘烤蛋糕时，让水分适度蒸发，同时保有柔软的口感。还加入了杏仁粉和榛果粉，添加香味和浓郁度。

主厨表示，"法国人喜欢蛋白饼，法式蒙布朗中虽然会用蛋白饼，但许多日本人都不喜欢蛋白饼的甜味。而且，蛋白饼容易吸收水分，易丧失原有的松脆口感"。对于达克瓦兹蛋糕的柔软口感和甜味，据说顾客反映普遍满意。

在达克瓦兹蛋糕上用巧克力淋酱黏接大颗和栗甘露煮后，挤上和栗鲜奶油。上面覆盖上香堤鲜奶油，最后以和栗鲜奶油覆盖整体。和栗鲜奶油是用日本熊本县产的和栗酱和鲜奶油混合制成，与洋栗相比和栗的味道比较淡，所以配方中放入较多栗子酱，以便呈现明显栗子的风味。

"为了让鲜奶油不易变干，我还加入能提高保湿性的'豆馅'。经过试做后，我选择和栗子非常合味，口感也很绵细的白扁豆馅"，主厨在外卖上也颇费工夫。

此外，主厨对香堤鲜奶油也有独道的考量。传统的配方中，为维持鲜奶油的稳定性和保持其状态，须加入10%量的砂糖，不过日高主厨将一半的砂糖换成海藻糖。海藻糖只有砂糖45%的甜味，这样甜味不但减少，湿润度也会提高，还能长时间保持外形。

重视蒙布朗的风格
充分展现栗子的原味

该店也提供使用法国制栗子酱制作的"蒙布朗塔"。构成是在底座的法式甜塔皮中挤入杏仁鲜奶油后烘烤成塔，上面再以少量栗子鲜奶油黏上栗子涩皮煮，挤上大量香堤鲜奶油后，再覆盖上栗子鲜奶油。

法式甜塔皮经过彻底烘烤，口感酥脆，即使长久放置味道也不会变化太大，和法国制栗子酱非常合味。法式甜塔皮和杏仁鲜奶油中，都使用香味明显和风味佳的西班牙产杏仁粉，杏仁鲜奶油中还加入了朗姆酒来提高风味。

栗子鲜奶油是在法国沙巴东公司的栗子酱中混入50%量的栗子鲜奶油，再加入以朗姆酒增加香味的奶油增添浓郁度，能让人充分享受到栗子的美味。

"我设计的构想是，最大限度地提引出不同栗子的特色，让人充分品尝和栗清淡、高雅的风味，以及法国栗浓厚、绵密的风味。"日高主厨表示，他还曾用地瓜、南瓜、草莓、桃子等栗子以外的十多种食材，制作不同口味的蒙布朗。

"之前我就已经做过不同的口味。不过现在其他店都供应栗子口味以外的蒙布朗。连便利商店也有销售后，我就不做了。"

据说主厨觉得大家都做一样的东西很无趣，他认为还是应该制作适当食材的甜点，"蒙布朗正因为使用栗子才被称为蒙布朗"。

蒙布朗对于任何年龄阶段的人来说都是热销商品，所以该店将其放在展售柜中最醒目的位置。因为夏季蛋糕的营业额降低，所以该店的"和栗蒙布朗"和"蒙布朗塔"，都是从栗子产季的秋天供应至次年的春天。

组合精心研究的材料，
品尝和栗美味的终极蒙布朗

Café du Jardin

店长兼甜点主厨 村山 裕一郎

国王蒙布朗

575日元／供应时间　9月中下旬至次年3月

主厨为了让人享受纤细的和栗美味而开发出的这款甜点，销售居该店首位。斟酌砂糖、鲜奶油的分量，以活化和栗的风味，完成这款讲究的蒙布朗。

金箔

为了呈现高贵、豪华的氛围，以金箔做装饰。除了使用金箔外，主厨还用王冠图案的巧克力，以增强国王的意象。

和栗涩皮煮

放入一整颗日本熊本县产的栗子涩皮煮，更添豪华感。

**蛋白饼
＋淋面用巧克力**

蛋白饼松脆的轻盈口感，有加强重点。为避免吸收鲜奶油的水分，蛋白饼外表还裹覆淋面用巧克力。

栗子鲜奶油

以洗双糖（注：类似中国台湾地区的二砂，但颗粒更细滑）制作的和栗酱为基材，混合纯鲜奶油、鲜奶和黄砂糖粉等，完成口感滑细、甜味自然的栗子鲜奶油。

香堤鲜奶油

使用北海道产纯鲜奶油制作。除了极度减少甜味柔和的黄砂糖粉的量，还活用鲜奶油及和栗的风味。

可可粉

在侧面撒上可可粉，可作为外观上的重点及降低栗子鲜奶油的甜味。

不同口味的蒙布朗

有机莓蒙布朗
→P154

国王蒙布朗

蛋白饼（约180份）

蛋白·····················500g
黄砂糖粉·················450g
A
┌ 黄砂糖粉···············250g
│ 玉米粉·················95g
└ 脱脂奶粉···············155g
淋面用巧克力（白）·········适量

1. 在蛋白中一面分4～5次加入黄砂糖粉450g，一面充分搅打发泡，制成蛋白霜。
2. 混合材料A过筛备用。
3. 在1中加入2，使用扁平勺如切割般混拌，以免气泡破掉。
4. 在装了14号圆形挤花嘴的挤花袋中装入3，在烤盘上挤成直径5.5cm的圆形。
5. 放入105℃的烤箱中约烤2小时，放在熄火温度慢慢下降的烤箱中一晚让它干燥。
6. 在5的蛋白饼上裹上淋面用巧克力让它变干。

香堤鲜奶油（约10份）

35%鲜奶油·················200g
42%鲜奶油·················100g
黄砂糖粉···················10g
香草精·····················3滴

将全部的材料混合，充分搅打发泡直到快要分离前为止。

栗子鲜奶油（约40份）

和栗酱·····················2kg
35%鲜奶油·················220g
鲜奶·······················310g
黄砂糖粉···················110g
香草精·····················4滴
Mon Reunion香草精·········4滴

全部的材料放入食物调理机中，混拌到整体融合。

组合及装饰

（1份）
和栗涩皮煮（日本熊本县产）·····1颗
巧克力装饰·················1片
金箔·······················适量
可可粉·····················适量

1. 在蛋白饼的中央挤上少量香堤鲜奶油，放上1颗和栗涩皮煮。
2. 在装了10号圆形挤花嘴的挤花袋中装入香堤鲜奶油，从1的周围呈螺旋状挤成圆锥形，用抹刀将表面抹平。
3. 在装了3号排花嘴的挤花袋中装入栗子鲜奶油，从2的底部往圆锥的顶点，如覆盖般斜向挤上香堤鲜奶油。
4. 在3的顶点装饰上巧克力装饰和金箔，在侧面撒上可可粉。

凸显适合日本人
味觉的和栗风味

村山裕一郎主厨以"食材具有的天然美味"为主题，提供使用当令食材制作的甜点。之前供应的是使用和栗制作的"国王蒙布朗"。该店供应的蒙布朗是使用法国制栗子酱制作，但是主厨偶然吃到日本熊本产的和栗酱，感动于其美味，因此主厨兴起制作和栗蒙布朗的想法。

"和法国制的栗子酱相比，和栗的味道被认为是朴素的'栗子'味。如同和果子般，我认为它比较适合日本人的味觉。因此我开始思考如何将和栗的风味和口感，活用于蒙布朗中。"村山主厨表示。

主厨使用的栗子酱，是委托日本九州厂商生产的定制品。它是使用熊本产的新栗以及店家洗双糖所制作的独家风味栗子酱。

"虽然白砂糖的甜味感觉比较浓，但是洗双糖的矿物质成分多，能消除尖锐的风味，呈现柔和圆润的甜味。使用洗双糖还有提引和栗风味的效果。"村山主厨表示。

栗子鲜奶油的构成中，包含有日本北海道产的纯鲜奶油制作的香堤鲜奶油。从牧场直接提取的纯鲜奶油呈米黄色，味纯。在这种鲜奶油中加入黄砂糖粉后打发。糖分减少3%，鲜奶油的乳脂肪成分也调整减至37%，充分打发至快要分离前。这种香堤鲜奶油用来塑型。为避免外型坍塌，制作要诀是充分打发变硬。

模拟国王披风及
王冠的独特造型

在这款蒙布朗的构成上，成为口感重点的是蛋白饼。塔、海绵蛋糕等加奶油的面团，若不使用高乳脂成分的鲜奶油，味道会不平衡。为了发挥纤细的和栗风味，必须使用低脂的鲜奶油，所以底座采用口感轻盈的蛋白饼。

蛋白饼的做法是，在蛋白中加入富含甜味的黄砂糖粉搅打发泡。黄砂糖粉分4～5次加入其中，彻底打发制成坚挺的蛋白霜。接着，加入已混合过筛的玉米粉、黄砂糖粉和脱脂奶粉混合。加入脱脂奶粉，添加乳香味，也是蛋白饼的特色。这些粉类加入蛋白霜时，使用扁平勺混合，比用橡皮刮刀混合更不易弄破蛋白霜的气泡。

蛋白霜面糊放入105℃的烤箱中慢慢烘烤2小时后，放在熄火后温度慢慢下降的烤箱中一晚使其干燥。之后组装时，为避免蛋白饼吸收鲜奶油的水分，周围裹上淋面用巧克力。为呈现蛋白饼特有的松脆口感，蛋白霜需仔细慢慢烘烤。

组装时，蛋白饼上先挤上少量鲜奶油，放上和栗涩皮煮，固定栗子的位置。呈螺旋状挤上香堤鲜奶油覆盖栗子，外围再由下往上斜向挤上栗子鲜奶油。这是以国王披风的意象所设计的造型，顶部装饰上王冠图案的巧克力和金箔。

最理想的风味是，细绵具和栗风味的栗子鲜奶油、清爽入口即化的鲜奶油，以及松脆的蛋白霜三者融为一体。

使用各式各样严谨的食材制作，名称显示的是"希望献给国王般的终极蒙布朗"。虽然价格高达575日元，但是秋季时一天的销量仍近200个，是该店最具人气的蛋糕。

以加入奶油和蜂蜜的
浓厚风味栗子酱为主角

128

Charles Friedel

店长兼甜点主厨 **门前 有**

Aiguille du Midi

450日元／供应时间　全年

　　主厨虽然承袭正统的蒙布朗，但突发奇想，开始研制不同风味的蒙布朗。它的构成虽然和正统蒙布朗一样，但细节的变化，诞生出了这款截然不同的蒙布朗。

糖粉

　　使用装饰用的防潮型糖粉。充分撒到蛋糕上以表现雪的意象。

无糖发泡鲜奶油

　　使用乳脂肪成分48％的鲜奶油。因为栗子鲜奶油较厚重，需充分打发至快要分离前。

糖渍栗子

　　使用制造时已碎的栗子，能呈现栗子的口感。

栗子鲜奶油

　　在沙巴东公司的栗子酱中加入奶油和蜂蜜，增添浓郁度与风味，并用和蜂蜜等量的朗姆酒增加香味。为了和发泡鲜奶油一体化，混入空气使口感更轻盈。

杏仁意大利蛋白饼

杏仁意大利蛋白饼
＋可可奶油

　　在意大利蛋白霜中加入切成小丁的杏仁，以增加口感、风味与味道。在80℃～120℃的温度范围内慢慢烘烤，烤至里面都变成松脆口感。可可奶油虽然有防止受潮的作用，不过为避免影响香味，只要薄薄地涂上一层即可。

不同口味的蒙布朗

蒙布朗
→P154

材料和做法
Aiguille du Midi

杏仁意大利蛋白饼
（约40份）

蛋白 ·····················200g
糖浆
　┌ 白砂糖 ·················400g
　└ 水 ····················135g
杏仁（烤过、切丁）
·········· 适量（蛋白霜的两成不到）
可可奶油 ···············适量

1. 制作糖浆。在锅里放入白砂糖和水开火加热，熬煮到120℃。
2. 用电动搅拌机将蛋白搅打发泡。
3. 蛋白搅打发泡变细后，慢慢加入120℃的糖浆，搅打发泡后放凉备用。
4. 在3中加入杏仁，混合。
5. 在装了圆形挤花嘴的挤花袋中装入4，在铺了硅胶烤盘垫的烤盘上，挤上直径约4.5cm的圆形，放入80℃~120℃的对流式烤箱中一晚（10~12小时），烤到中心焦糖化为止。
6. 可可奶油加热至80℃。
7. 趁5还热，放入6中裹覆。

栗子鲜奶油（40~45份）

栗子酱（沙巴东公司）·········1000g
蜂蜜 ·····················70g
朗姆酒（Negrita Rum）·········70g
无盐奶油 ·················100g

1. 冰冷的奶油直接用敲打等方式，使其变得与栗子酱一样软后备用。
2. 栗子酱用电动搅拌机搅打变软。
3. 依蜂蜜、朗姆酒、奶油的顺序加入2中，混拌至无粉末颗粒变得绵细为止。

无糖发泡鲜奶油

48%鲜奶油 ········ 适量（1个约30g）

鲜奶油充分搅打发泡。

组合及装饰

糖渍栗子（碎栗）·················适量
糖粉（装饰用糖粉）···············适量

1. 在直径5cm、高5cm的球状模型中，一个约放入30g发泡鲜奶油，再放入1/2颗份糖渍栗子，盖上杏仁意大利蛋白饼后冷冻。
2. 将1脱模，用压筒挤上栗子鲜奶油覆盖整体。
3. 撒上糖粉即可完成。

高雅风味的蒙布朗和
浓厚风味的蒙布朗

门前主厨制作的蒙布朗有两种，一种是自开店之初就推出的"蒙布朗"（P154）。它是主厨根据在"Au Bon Vieux Temps"所学的风味变化而成的。组合成分为法式蛋白饼、发泡鲜奶油和栗子香堤鲜奶油。栗子香堤鲜奶油是法国常见的栗子鲜奶油，高雅的风味不论小孩、大人都可食用。七八年后，主厨兴起"想吃风味浓郁的蒙布朗"的念头，于是开始研发第二种蒙布朗，即"Aiguille du Midi"（南针峰）。白朗峰（Mont Blanc）位于法国和意大利的边境。"蒙布朗"（Mont Blanc）若是法国风格，那么此次主厨要做的便是意大利风格，因此冠以白朗峰的山名。它的构造和之前的"蒙布朗"虽然相同，不过细节部分的变化，导致味道也变得截然不同。

首先，作为主角栗子的鲜奶油是在栗子酱中加入少量奶油的风格。主厨考虑到全年商品需具备稳定的品质和数量，因此选择沙巴东公司产的栗子酱。由于加工品也是食材之一，主厨认为，可以自行调整，加入能添加甜味和风味的食材。他经过不断尝试获得目前的配方，相对于栗子酱的分量，加入一成比例的奶油及7%量的蜂蜜，能够增加浓郁度与风味。

在搅拌变柔软的栗子酱中加入蜂蜜和朗姆酒，不过，是否加朗姆酒给人的感觉截然不同。但是，也不能为了营造风味加入大量的朗姆酒。酒和香草、调味料等同为香料，不仅能改变味道，也能用来增加香味。主厨选用Negrita Rum朗姆酒，这个品牌朗姆酒的优点是只需少量就能产生效果。白兰地、樱桃白兰地虽然都能搭配栗子的香味，不过朗姆酒依然是个中翘楚。"作为法国甜点店，我珍惜传统"主厨表示。此外，加入奶油时，要先让奶油和栗子酱的硬度一致，较不易形成颗粒，用电动搅拌机搅拌时会发热，因此

最好让它保持冷冻状态。

组合栗子酱和奶油后，再混入空气。栗子鲜奶油口感较硬，直接和无糖发泡鲜奶油一起入口时，会觉得味道无法融合。主厨原来担心栗子鲜奶油混入空气后栗子的味道会被稀释，不过调整配方后，即使鲜奶油中混入空气，栗子的味道也依然浓郁，因此并不成问题。

栗子鲜奶油即使混入空气，仍有相当的重量，所以支撑它的无糖发泡鲜奶油需彻底打发。打发到鲜奶油快要分离前也无妨，若不充分打发，时间一久会被栗子鲜奶油的重量压扁。该店采用挤入球状模型中冷冻凝固的方法，冷冻后也有助于增加保形性。

受潮的蛋白饼
呈现另一种美味

作为底座的意大利杏仁蛋白饼，主厨不只使其呈现甜味与口感，还加入杏仁表现风味。若想不输给栗子风味，还可以加入榛果等其他的坚果。蛋白饼的制作重点是彻底烘烤。要烤干水分时，最适合使用对流式烤箱，在"Charles Friedel"，若放在80℃～120℃的温度范围中一晚（10～12小时），有时是80℃静置一晚，次日再加热至120℃。只要里面彻底烤透，并没有固定的烘烤方式。不过，超过120℃时里面会烤焦，这点须注意。以可可奶油裹覆蛋白饼时，若裹得太厚会影响蛋白饼特有的香味，为了尽量涂薄一点，将蛋白饼加热至用手摸起来有点热，此时放入可可奶油中裹覆。可可奶油的防潮效果会逐渐变差，不过这样也不错。有些人比较喜欢在蛋白饼中渗入一些鲜奶油的水分，这样的口感也是蛋白饼的美味之一。主厨表示"刚做好经过放置后，味道一定会有变化，我想这也是蒙布朗甜点的特色"。

融合法国与日本
传统栗子甜点的"理想型"蒙布朗

LE JARDIN BLEU

店长兼主厨　福田　雅之

蒙布朗

420日元／供应时间　全年

主厨从法国的栗子船形塔和日本的传统蒙布朗获得灵感，开发出这款符合自己理想的蒙布朗。塔和鲜奶油融为一体，外形上重视凸显整体的分量感。

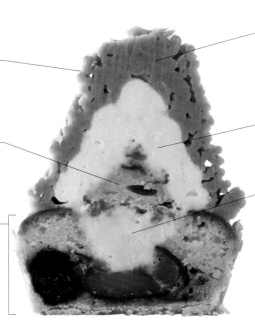

糖粉

在整体上撒上糖粉，让人联想到覆盖白雪的白朗峰。

杏仁鲜奶油

一面模仿日本传统的蒙布朗，一面镶入塔的杏仁鲜奶油。

栗子塔

脆饼干＋
杏仁鲜奶油＋
醋栗＋糖渍栗子

主厨希望呈现酥脆的口感，塔台选用脆饼干。特色是呈现发酵奶油和杏仁糖粉的浓厚风味。塔皮擀得极薄，具有轻盈的口感。杏仁鲜奶油以朗姆酒的圆润芳香为重点特色。加入浓郁的糖渍栗子和酸味的醋栗后烘烤，烤好后，涂上糖渍栗子的糖浆，以强调栗子的风味。

蒙布朗鲜奶油

混用栗子酱和栗子鲜奶油，以凝缩美味。还加入少量浓缩栗子酱，使香味更淳厚。再加入鲜奶油，以呈现绵细的口感。

无糖发泡鲜奶油

挤上以无糖的42%鲜奶油充分搅打的鲜奶油，还具有支撑蒙布朗鲜奶油的作用。

卡士达酱

能将整体的风味调整得更豪华。卡士达酱使用卡士达粉搅打而成。

不同口味的蒙布朗

和栗蒙布朗
→P154

香蕉蒙布朗
→P154

材料和做法

蒙布朗

栗子塔（约20份）

脆饼干（pâte sablée）（※1）
.... 下记全量
杏仁鲜奶油（※2）............ 下记全量
糖渍栗子（Agrimontana公司"碎栗"）............................ 适量
醋栗果实（法国制冷冻品）
.... 1个塔5颗
糖浆（装饰用糖渍栗子）....... 适量

※1 脆饼干

无盐发酵奶油 240g
白砂糖 100g
杏仁糖粉 100g
全蛋 40g
低筋面粉 400g

1. 在钢盆中放入乳脂状的发酵奶油和白砂糖，用打蛋器搅拌，再加入杏仁糖粉混合。慢慢地加入打散的全蛋混合。
2. 混合过筛备用的低筋面粉，整体搅拌成团。用保鲜膜包好，放入冷藏库一晚使其松弛。

※2 杏仁鲜奶油

无盐发酵奶油 225g
糖粉 225g
杏仁粉 225g
低筋面粉 45g
全蛋 270g
朗姆酒（黑）........................... 20g

1. 在搅拌缸中放入乳脂状的发酵奶油、糖粉、杏仁粉和筛过的低筋面粉，用桨状拌打器以中速一面混拌，一面混入空气。
2. 整体融合后，慢慢加入打散的全蛋混合，再加入朗姆酒混合。

1. 将混合材料放在冷藏库一晚已松弛的脆饼干面团，取出放到工作台上，擀成2mm厚的圆饼，用直径8cm的菊形切模切割，铺入直径6cm、高3cm的塔模型中。
2. 在1中挤入少量杏仁鲜奶油，放入少量糖渍栗子和解冻的醋栗5颗，再挤入杏仁鲜奶油。
3. 放入180℃的对流式烤箱中烤20分钟，马上充分刷上装饰用的糖渍栗子糖浆。

卡士达酱（约20份）

鲜奶 500g
香草棒 1/2根
蛋黄 70g
白砂糖 125g
卡士达粉 45g
无盐奶油 20g

1. 在锅里一起放入鲜奶和从香草棒中刮取下的香草豆和豆荚，开火加热煮沸。
2. 在钢盆中放入蛋黄，用打蛋器打散，加入白砂糖搅打发泡至泛白。加入卡士达粉混合。
3. 在2中倒入1充分混合，用网筛一面过滤，一面倒回锅里。充分加热，加入奶油，用橡皮刮刀搅拌变细滑直到泛出光泽为止。
4. 底下放冰水，一面不时混拌，一面放凉。

蒙布朗鲜奶油（约30份）

35%鲜奶油 120g
浓缩栗子酱（Narizuka Corporation "Jupe"）............................ 2g
无盐奶油 240g
栗子酱（沙巴东公司）............... 1200g
栗子鲜奶油（沙巴东公司）......600g
朗姆酒（黑）........................... 60g

1. 鲜奶油煮沸稍微放凉，加入浓缩栗子酱混合。
2. 在搅拌缸中放入奶油，用桨状拌打器充分搅打到与栗子酱相同的硬度。
3. 在2中依序各分2～3次加入栗子酱和栗子鲜奶油。慢慢加入1的鲜奶油，再加入朗姆酒混合。
4. 用过滤器过滤至变细滑。

无糖发泡鲜奶油（约20份）

42%鲜奶油 200g

用电动搅拌机将鲜奶油搅打发泡。

组合及装饰

（1份）
糖粉 .... 适量
糖渍栗子（Agrimontana公司 "Genuine Marrone"）.............. 1颗

1. 栗子塔的中心挖出直径2cm的圆锥形，挤入卡士达酱，挖出的材料再倒扣放入。
2. 用圆形挤花嘴将电动搅拌机搅打变硬的无糖发泡鲜奶油，呈螺旋状挤成4.5cm高，放入冷冻库冷冻凝固。蒙布朗鲜奶油用蒙布朗挤花嘴呈螺旋状挤成高6.5cm，撒上糖粉后，装饰上糖渍栗子。

塔和鲜奶油融为一体
重视整体的分量感

"LE JARDIN BLEU"的店长兼主厨福田雅之先生，以两种栗子甜点为基础，设计出这款蒙布朗。

"一个是法国的传统甜点栗子船形塔。在我心目中，蒙布朗的底座应是栗子船形塔。底座若制作成美味的栗子塔，我想蒙布朗本身就能让人感到满足。"主厨表示。

福田先生觉得原本用蛋白饼做底座的蒙布朗，风味略嫌不足，而上面的鲜奶油味道又太突出，平衡感不佳。他理想中的蒙布朗，是整体风味均衡，又具有分量感。为了追求这样的美味，他改用栗子塔作为底座。

另一个栗子甜点，是主厨小时候曾经吃过的、令人怀念的日本蒙布朗。那是将海绵蛋糕挖空，挤入鲜奶油后，再将挖出的蛋糕倒扣上去，最后挤上栗子鲜奶油。为了表现具有复古风情、令人难以忘怀的蒙布朗，主厨设计出独特的结构。

主厨将这两款美好的传统甜点经过重新构建，创作出"LE JARDIN BLEU"的蒙布朗。

脆饼干和鲜奶油都活用
浓郁的栗子风味

福田主厨最讲究的栗子塔，重点在于呈现脆饼干的酥脆口感。面团擀成2mm厚，铺入模型时延展变得更薄，目地在于烤出可与上层的鲜奶油融合、口感又酥脆的底座。

在脆饼干上的杏仁鲜奶油中，放入与栗子极合味的醋栗果实，以及富有风味的糖渍栗子后一起烘烤。烤好后刷上糖浆栗子的糖浆，让人更能享受到栗子浓厚的风味。

塔以外的部分，主厨想重现上述的日本传统蒙布朗。主厨在塔的中央挖圆锥形，挤入调味用的少量卡士达酱。"卡士达酱和挤在上面的鲜奶油一起食用，味道会变得丰盛豪华"福田主厨表示。为强调奶香味，卡士达酱中不使用低筋面粉，而使用卡士达粉，因为卡士达粉不易融化，所以要花比低筋面粉多一倍的时间细煮。

挖出的杏仁鲜奶油倒扣放上，突出的高度作为蒙布朗的轴心。上面挤上高高的和蒙布朗鲜奶油平衡良好、以乳脂肪成分42%的鲜奶油充分打发的发泡鲜奶油。

主厨选用法国沙巴东公司的栗子酱和栗子鲜奶油，作为蒙布朗鲜奶油中使用的栗子材料。它的口感绵细，具有浓郁的栗子美味，而且，该公司知名度高，信誉度高，所以主厨始终使用该公司的产品。

比起风味，主厨更注重蒙布朗鲜奶油的绵细口感。主厨在水分较少的栗子酱中，加入含有较多糖浆的细绵栗子鲜奶油，将它调整成稍柔软的口感。

这种鲜奶油经冷藏或随着时间会变得干燥，常会发生脱落，或无法和下层的无糖发泡鲜奶油融为一体。据说在栗子酱中加入液态鲜奶油，不仅能保持鲜奶油的细滑度，硬度也会变得和下面的发泡鲜奶油差不多，从而使两者融合得更好。

在做法上要注意的是，混合时为避免残留颗粒，最初奶油要用勾状拌打器充分混拌，使其和接下来要加入的栗子酱具有相同的硬度。之后依次序慢慢加入栗子酱，以低速混拌，再倒入鲜奶油使其融合。福田主厨表示，作为该店自开业以来就推出的这款蒙布朗，他不打算变更味道和外型。所以，他又推出香蕉蒙布朗及和栗蒙布朗等不同口味的商品，这些商品也都深受顾客欢迎。

积极活用日式食材
遵循法国甜点做法制作

Pâtisserie Religieuses

店长兼甜点主厨　**森　博司**

蒙布朗

450日元／供应时间　9月至次年2月

　　主厨时常改变蒙布朗的构成，以追求美味的组合，这款多变风味的蒙布朗，为凸显栗子的原味，在具有抹茶涩味的达克瓦兹蛋糕中，还组合了红茶风味的香堤鲜奶油。

糖粉

撒上防潮型糖粉作为装饰。

栗子鲜奶油

用栗子酱10%分量的栗子糖浆来稀释，以强调栗子感。

栗子涩皮煮

选择和其他部分保持良好平衡的甜味产品。

红茶香堤鲜奶油

组合上散发特有佛手柑清爽香味的伯爵红茶，来凸显栗子风味，是口感绵细的慕斯风味鲜奶油。

巧克力风味卡士达酱

加入和红茶、抹茶两者都很对味的牛奶巧克力，以增加风味。

抹茶达克瓦兹蛋糕

选用和栗子合味的抹茶，湿润的口感也博得顾客一致的好评。

材料和做法
蒙布朗

抹茶达克瓦兹蛋糕（约10份）

蛋白霜
┌ 蛋白 ……………………162g
│ 干燥蛋白（自制） ………24g
└ 白砂糖 …………………54g
A
┌ 杏仁粉 …………………150g
│ 糖粉 ……………………90g
└ 抹茶 ……………………9g
发酵奶油 ……………………20g
糖粉 …………………………适量

1. 将蛋白、干燥蛋白和白砂糖混合充分搅打发泡，制作硬蛋白霜。
2. 将预先过筛混合的A充分混合后，加入1用刮板混拌。
3. 在置于常温下呈乳脂状的奶油中，加入少量的2混合，融合后再倒回2中整体混合。
4. 在铺上烤焙垫的烤盘上，用圆形挤花嘴挤成直径6cm的圆形。在表面撒上糖粉，第一次的糖粉融化后再撒一次糖粉。放入130℃的对流式烤箱中烤30分钟使其干燥。

红茶香堤鲜奶油（约10份）

鲜奶 …………………………250g
红茶茶叶（伯爵红茶） ……12.5g
吉利丁片 ……………………12.5g
无糖发泡鲜奶油（35%鲜奶油／搅打至七分发泡） …………………250g

1. 在鲜奶中加入红茶叶煮沸，快煮沸前熄火，加盖焖5分钟。
2. 过滤取出茶叶，加热直到快煮沸前熄火，加入预先泡水（分量外）已回软的吉利丁片使其溶化。
3. 再次过滤，在容器底下放冰水冷却，变凉后加入无糖发泡鲜奶油混合。挤入直径6cm的圆顶形模型中，放入冷冻库中冷冻使其凝固。

巧克力风味卡士达酱
（约10份）

卡士达酱（※） …………………100g
40%牛奶巧克力（法芙娜公司"吉瓦那"〔Jivara lactee〕） …………30g

※卡士达酱（备用量）
鲜奶 ……………………………………1l
香草棒 ……………………………1/2根
蛋黄 ……………………约200g（10份）
白砂糖 …………………………………160g
卡士达酱粉（法国Moench"卡士达酱"）
…………………………………………80g
无盐奶油 ………………………………80g

1. 在铜锅里倒入鲜奶，将香草棒纵向剖开刮出香草豆，和豆荚一起放入鲜奶中，加热至快煮沸前熄火。
2. 同时进行，在蛋黄中加入白砂糖和卡士达酱粉，混合至泛白。
3. 在2中倒入1充分混合，再马上倒回铜锅中再度加热。加热至85℃时熄火，加入奶油混合。一面用网筛过滤，一面倒入方形浅钢盘中，在表面紧密盖上保鲜膜后急速冷冻。变凉后即可使用。

在融化的巧克力中，加入打散的卡士达酱100g，用打蛋器混合变细滑。

栗子鲜奶油（约10份）

栗子酱（沙巴东公司） ………约800g
栗子糖浆
……………80g（栗子酱10%的量）

在栗子酱中，加入加热至60℃的栗子糖浆，用打蛋器混合，调整变硬后，用网筛过滤至变细滑。

栗子涩皮煮 …………………………10颗
糖粉（防潮型） ……………………适量

1. 在抹茶达克瓦兹蛋糕上，放上脱模的红茶香堤鲜奶油。在表面中央挤上巧克力风味卡士达酱，放上1颗栗子涩皮煮固定。
2. 在和果子用的压筒中装入栗子鲜奶油，覆盖1，再撒上糖粉。

组合美味的各种元素
营造出更顶级的美味

"不只蒙布朗，对于所有的甜点，我追求的是，先制作出美味的每一个细节部分，再组合成完整的成品，以展现更顶级的美味。"森主厨在挑选材料上投入相当大的心力。制作甜点时，甜点师傅要具备优异的制作技术，还要有先进的厨房设备等。接下来，制作美味甜点的重点就是材料，不论任何风格的甜点，主厨都希望尽可能地使用最好的材料。据说20年前，主厨在巴黎制做法式甜点时，就已使用抹茶、柚子等日式食材，获得了极高的评价。

主厨做过许多种不同口味的蒙布朗，例如：在使用法国制栗子酱的鲜奶油中，组合白霉奶酪的慕斯；在和栗酱的鲜奶油中搭配红豆、黄豆粉；或使用紫芋、南瓜等当令食材。之后，他还会推出什么口味的蒙布朗，人们翘首以待。

这里介绍的蒙布朗，主厨使用该店的布丁等甜点中所用的人气高的抹茶和红茶来制作结构平衡口感极佳的蒙布朗。

香堤鲜奶油具有绵细的慕斯口感，冷藏后为呈现浓厚的风味与香气，主厨使用适合制作冰茶的伯爵红茶的茶叶。一般的做法是，在鲜奶中放入茶叶加热至快煮沸前熄火，加入吉利丁融化后再过滤。但是，这种做法茶叶浸泡得太久会产生涩味，为避免味道变浊，主厨采取较费工夫的做法，他在鲜奶中泡出适当的茶叶风味后，立刻过滤去掉茶叶，放入吉利丁煮融后再过滤。

红茶香堤鲜奶油上面，用来固定栗子涩皮煮的卡士达酱以可可成分40%的牛奶巧克力增加风味。白巧克力甜味太重，苦味巧克力的酸味又会破坏红茶和抹茶的风味。牛奶巧克力则能衬托红茶和抹茶两者的风味，对甜点来说恰到好处。

底座选择达克瓦兹蛋糕，是因为蛋糕比蛋白霜湿润，整体口感能取得平衡，而且杏仁的风味和抹茶的味道也能充分调和。

栗子鲜奶油，主厨使用他喜欢的沙巴东公司的栗子酱，以其10%分量的栗子糖浆稀释。操作时糖浆加热至60℃较容易混合。为了使口感更好也可以加朗姆酒或卡士达酱，不过因为主厨非常重视栗子本身的味道，而且为适合孩子食用，所以主厨不加酒，只是仔细过滤，以增进细滑的口感。

主厨活用制作和果子的技术和知识，这次的栗子鲜奶油，就是采用和果子专用的挤制器"压筒"来挤制的。

以食材增加风味的多样性
在构成上增添变化

森主厨本身也喜爱蒙布朗。他表示，在法国"蒙布朗大多是以白霉奶酪为基本素材，只加入栗子鲜奶油混合制成。""我在法国第一次吃到白霉奶酪的蒙布朗时十分惊讶。它和栗子非常合味，那种简单的美味令人感动。"

主厨回日本后，在店里推出白霉奶酪蒙布朗时，顾客的反应非常热烈，所以一直销售至今。

在日本，不论男女老幼都知道蒙布朗，尤其是在法式甜点店，经营上它也是重要的商品。森主厨考虑到如果一面销售，一面推出不同口味的蒙布朗时，顾客就会注意到其变化。

从以和、洋栗子为主到南瓜等，主厨已分别使用各种食材制作出许多不同风味的蒙布朗，但他对于组合各种食材和技术，开发出更富魅力的蒙布朗依旧热情不减。

以烤栗酱的香味
表现栗子风味

PERITEI

店长兼甜点主厨 **永井 孝幸**

蒙布朗

441日元／供应时间 全年

栗子鲜奶油中使用烤栗酱，特色是从芳香方面来表现栗子的风味。放在中心的粗磨可可豆的口感、苦味和芳香度也是风味的重点。

香堤鲜奶油

乳脂肪成分35％和42％的鲜奶油，以1∶1的比例混合，以提高保形性。

粗磨可可豆

使用少量粗磨可可豆，让它的香味、苦味和香脆口感成为蒙布朗的重点特色。

迪普洛曼鲜奶油

使用经熬煮浓缩、味道浓郁的卡士达酱，来减少甜味，完成后硬度高。

千层酥皮

加入发酵奶油使烘烤后更香，烘烤到稍微焦糖化，以预防湿气。

栗子鲜奶油

由法国制的烤栗子酱和奶油混合而成。搅打含有空气后口感变轻盈。

小泡芙

泡芙面糊＋
迪普洛曼鲜奶油

这是挤入迪普洛曼鲜奶油的小泡芙。除了能尝到鲜奶油的滋味，同时也成为甜味的重点。

海绵蛋糕

海绵蛋糕具有防潮的作用。为避免影响风味，切成极薄片使用。两片之间还挤入少量的迪普洛曼鲜奶油。

不同口味的蒙布朗

 南瓜蒙布朗 →P154

 紫芋蒙布朗 →P154

 草莓蒙布朗 →P154

材料和做法
蒙布朗

千层酥皮（直径7cm、高2cm的塔模型144份）

高筋面粉	500g
低筋面粉	500g
盐	20g
水（冷水）	500g
融化的发酵奶油液	100g
发酵奶油	800g

1. 高筋面粉和低筋面粉混合过筛，冷冻备用。
2. 将1、盐、冷水和融化的奶油液用搅拌机混合，制作成水面团。用保鲜膜或塑料袋包好，放入冷藏库中一天。
3. 在2的面团中混入奶油。擀开面团，包入奶油折两三次后，放入冷藏库2小时使其松弛。再折两三次，放入冷藏库冰2小时使其松弛，再折两三次，放入冷藏库中一天使其松弛。
4. 将3擀成2mm厚，在表面上戳洞，用直径11cm的中空圈模切取，铺入模型中。
5. 放上镇石，放入上火190℃、下火210℃的烤箱中烤40分钟，拿掉镇石，撒上糖粉，放入230℃的烤箱中烤到酥松。

泡芙面团（约500份）

鲜奶	125g
水	125g
无盐奶油	120g
盐	2g
白砂糖	5g
低筋面粉	200g
全蛋	6个

1. 在鲜奶和水中，放入盐、白砂糖、奶油使其融化，煮沸。
2. 加入过筛的低筋面粉混合，加热至锅底有薄膜的程度。
3. 将全蛋充分打散，慢慢地加入已离火的2中。慢慢倒入蛋汁，避免产生颗粒。
4. 将3用9号圆形挤花嘴挤成直径1.5cm的球形。

5. 放入上火190℃、下火210℃的烤箱中烤20分钟，再打开风门烤10分钟。

迪普洛曼鲜奶油（备用量）

鲜奶	1000ml
香草棒	适量
蛋黄	160g
白砂糖	160g
低筋面粉	40g
玉米粉	50g
无盐奶油	150g
香堤鲜奶油（参照下面）	200g

1. 蛋黄和白砂糖搅打成乳脂状。
2. 在1中加入低筋面粉和玉米粉混合。
3. 从香草棒中刮出香草豆和豆荚，一起放鲜奶中加热煮沸。
4. 在2中加入3混合，倒回锅里加热30分钟，充分熬煮。
5. 加入奶油煮融混匀后，倒入钢盆中，盆底下放冰水冷却。
6. 在表面紧密盖上保鲜膜，放入冷藏库中一天让它松弛。
7. 在6中加入搅打至九分发泡的香堤鲜奶油，混合。

香堤鲜奶油（备用量）

35%鲜奶油	500ml
42%鲜奶油	500ml
白砂糖	50g

混合两种鲜奶油，加入白砂糖搅打发泡。
※迪普洛曼鲜奶油用的是加入搅打至九分发泡的鲜奶油，装饰用的是加入搅打至八分发泡的鲜奶油。

栗子鲜奶油（7份）

栗子酱（Minerve "烤栗栗子酱"）	
	100g
无盐奶油	100g
朗姆酒	10g

用电动搅拌机混合材料。混入一定程度的空气。

组合及装饰

海绵蛋糕（※）	适量
粗磨可可豆	适量
栗子涩皮煮（韩国产）	适量
果冻胶	适量

※海绵蛋糕
（60cm×40cm的烤盘1片）

全蛋	900g
白砂糖	480g
低筋面粉	480g
无盐奶油	120g
鲜奶	60g

1. 混合蛋和白砂糖，隔水加热搅打发泡至绸缎状。
2. 将奶油和鲜奶混合加热备用。
3. 在1中加入过筛的低筋面粉，如切割般混合以免气泡破掉。
4. 在3中加入2，混合。
5. 倒入烤盘中，放入上火180℃、下火180℃的烤箱中烤35分钟。

1. 在小泡芙中挤入迪普洛曼鲜奶油，在表面涂上少量果冻胶。
2. 将海绵蛋糕切割成极薄的片，用直径5cm的中空圈模割取。
3. 在铺入烤好的千层酥皮的塔模型中，放上一片2，用装了8号圆形挤花嘴的挤花袋挤入少量迪普洛曼鲜奶油，再放上一片海绵蛋糕，在千层酥皮上再满满挤上迪普洛曼鲜奶油。
4. 呈对角线放上涂上果冻胶的两颗栗子涩皮煮和两个1的小泡芙。在中心放上少量粗磨可可豆，挤入迪普洛曼鲜奶油至小泡芙和栗子的高度为止。
5. 用装了8号圆形挤花嘴的挤花袋，呈十字挤上香堤鲜奶油，上面呈螺旋状挤上1cm高的香堤鲜奶油。
6. 用装了蒙布朗挤花嘴的挤花袋，呈螺旋状挤上高2cm的栗子鲜奶油。

综观整体
仔细制作各部分

"PERITEI"是提供法式甜点、家常料理的美食餐厅，在那里也能喝咖啡、吃甜点。

在甜点制作上，永井孝幸主厨希望的是甜味里也能让人感受到纤细的元素。甜味不可或缺，但是食用后只留下甜味的印象，食材感就太弱了。甜味中呈现食材感的平衡相当重要，主厨也是根据这个基础来制作蒙布朗的。

这款蒙布朗的底座是派。主厨也曾考虑做成塔，但他觉得塔太过厚重。挤上大量的鲜奶油，放上栗子和小泡芙后，如果是派的话不会太甜，而且酥松的口感与香味还能增加特色。千层酥皮加入发酵奶油，烘烤时更香。烘烤的要诀是让面团充分地松弛。面团松弛后，面团和奶油变成差不多的硬度，才能制作出漂亮的层次。烤好后撒上白砂糖放入烤箱再烘烤，使表面焦糖化。这项操作也能增加派的风味，不过主要目的还是为了防止鲜奶油的湿气渗入。另一个防潮的方法是，在塔模中烤好的派皮中铺入海绵蛋糕。蛋糕只是为了防潮，为避免影响味道，海绵蛋糕要切成极薄的片状。

挤上迪普洛曼鲜奶油后，另一项重点是让粗磨可可豆沉下去。虽然可可豆很少，但其苦味能凸显甜味，也能增加口感上的变化。

迪普洛曼鲜奶油要搅打变硬。因为主厨认为制作迪普洛曼鲜奶油用的卡士达酱是减少甜味的配方，减少甜味后又很稀软的话，味道不够浓郁。熬煮约30分钟，让美味凝缩，放入冷藏库一天使其松弛后再使用。煮好后若立刻混合香堤鲜奶油，刚开始很细绵，但随时间口感会变差。

为了不亚于凝缩的迪普洛曼鲜奶油的风味，香堤鲜奶油要充分搅打至九分发泡。

以烤栗酱的鲜奶油
呈现"山"的意象

这款蒙布朗外型上的特色是小泡芙及和栗甘露煮。小泡芙中挤入迪普洛曼鲜奶油。永井主厨的甜点中常使用小泡芙，是该店很受欢迎的产品，它吸引人的外型和饱满的鲜奶油口感，会让人心情放松。为了呈现漂亮的烤色，面团配方中加入少量的白砂糖。

大颗栗子涩皮煮为韩国产品。主厨选择它的原因是极佳的品质和平易近人的价格。每个蛋糕里各放两颗，令人感到满足。

呈现融雪般意象的香堤鲜奶油，是乳脂肪成分35%和42%的鲜奶油以等比例混合而成，提高保形性。

最后挤上的栗子鲜奶油中，使用意大利产栗子的法国制烤栗酱。永井主厨表示"烤栗的香味，能表现更鲜明的栗子感"。烤栗酱和等量的奶油混合后，融口性更佳。混合时，奶油和烤栗酱调整成相同的硬度较易混合。使其混入一定程度的空气，不但能呈现轻盈感，同时也较容易挤制。

蒙布朗整体的设计意象是冬季的山。为呈现漂亮的外观，主厨想象着整体的景象来制作。只按照程序操作，每个部分没有连接感，整体的线条也不自然。

永井主厨将蒙布朗视为"山形"的甜点，他不认为一定得用栗子这项食材。以前的蒙布朗常被认为是冬季的甜点，所以主厨配合不同季节制作多种蒙布朗，像以"春之山"的意象制作出"草莓蒙布朗"（P154）等，每种口味都受到顾客的欢迎。

以核桃口感加深印象
以和栗为基材的蒙布朗

Pâtisserie
Roi Legume

店长兼主厨　小寺 干成

蒙布朗

420日元／供应时间　全年

以和栗为基本素材的鲜奶油，组合海绵蛋糕和迪普洛曼鲜奶油等。作为该店蒙布朗象征食材的核桃，放于垫在底下的的达克瓦兹蛋糕上，以加深顾客的印象。

糖粉

蒙布朗上撒上防潮型糖粉，以表现山顶的积雪。

海绵蛋糕

为了让含大量鲜奶油的蒙布朗不腻口，又加入一片切成1.5cm厚的海绵蛋糕，以保持味道的平衡。

栗子涩皮煮

里面放入切半的栗子涩皮煮，以强调栗子的味道和口感。

迪普洛曼鲜奶油

为了呈现比鲜奶油更具冲击的风味，组合味道浓厚的迪普洛曼鲜奶油。

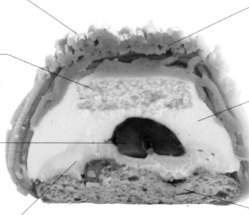

蒙布朗鲜奶油

在国产蒸栗酱的基材中，混入法国的栗子酱、栗子鲜奶油和栗子泥，以补足栗子的风味，并展现西洋甜点风格。

无糖发泡鲜奶油

使用乳脂肪成分47%的高乳脂鲜奶油制作。不加砂糖和洋酒，搅打至舌头喜爱的发泡感，以简单的鲜奶油凸显和栗的味道。

达克瓦兹蛋糕＋核桃

这是混入榛果粉，具有浓郁坚果风味的达克瓦兹蛋糕。上面放上切成粗末的核桃烘烤后，更添美味愉悦的口感。

材料和做法
蒙布朗

达克瓦兹蛋糕（约20份）

杏仁粉	150g
榛果粉	75g
蛋白霜	
┌ 蛋白	300g
└ 白砂糖	225g
核桃（烤过）	适量
糖粉	适量

1. 杏仁粉和榛果粉混合过筛备用。
2. 将蛋白和一部分白砂糖放入搅拌缸中搅打发泡。途中一面分2~3次加入白砂糖，充分搅打成细滑状态的蛋白霜。
3. 在**2**中一面加入**1**，一面拿刮板混拌。
4. 在装了12号圆形挤花嘴的挤花袋中装入**3**，在铺入烤焙垫的烤盘上挤成直径7cm的圆形。从上面放上切成粗粒的核桃，整体撒上糖粉。
5. 放入180℃的对流式烤箱中烤约12分钟，放凉备用。

迪普洛曼鲜奶油（约10份）

卡士达酱（※）	300g
无糖发泡鲜奶油（47%鲜奶油／九分发泡）	90g

※卡士达酱（备用量）

鲜奶	1000g
香草棒	1/2根
20%加糖蛋黄	300g
白砂糖	210g
低筋面粉	50g
卡士达酱粉	50g
无盐奶油	30g

1. 在鲜奶中一起放入从香草荚中刮出的香草豆和豆荚，煮沸。
2. 在钢盆中放入蛋黄和白砂糖，搅打发泡变得泛白，加入已混合过筛的低筋面粉和卡士达酱粉，慢慢地混合让它融合。
3. 在**2**中加入少量的**1**混合，调整软硬度。将它倒入锅里，再开火加热，用木匙一面混合，一面煮成1l的量约煮2分钟。

4. 将**3**离火，放入方形浅钢盘中，盖上保鲜膜，放入冷冻库急速冷冻后，用网筛过滤备用。

在卡士达酱中，加入搅打至九分发泡的无糖发泡鲜奶油，用橡皮刮刀如切割般混拌。

海绵蛋糕（60×40cm烤盘1份）

A	
┌ 蜂蜜	110g
└ 水饴	100g
B	
┌ 全蛋	1100g
│ 20%加糖蛋黄	200g
│ 白砂糖	650g
└ 香草糖	50g
C	
┌ 低筋面粉	700g
└ 小麦淀粉	100g
D	
┌ 无盐奶油	50g
│ 色拉油	50g
└ 鲜奶	160g

1. 将A放入钢盆中，一面隔水加热，一面混合。
2. 在别的钢盆中放入B，隔水加热至人体体温的程度。
3. 在**2**中加入**1**混合，用电动搅拌机以低速将整体搅拌融合。气泡膨胀后，转中速再搅打7~8分钟，让气泡稳定。
4. 将混合过筛的C，一面慢慢地加入**3**中，一面用刮板混合。
5. 混合D隔水加热，加热至60℃让奶油融化，加入**4**中用刮板混合。
6. 在铺了烤焙垫的烤盘上倒入**5**，放入160℃的烤箱中烤45分钟。凉了之后切成边长3.5cm、厚1.5cm的正方形。

蒙布朗鲜奶油（约40份）

鲜奶	325g
和栗酱（日本熊本县产）	2000g
栗子酱（沙巴东公司）	250g
栗子鲜奶油（沙巴东公司）	250g
栗子泥（沙巴东公司）	250g

1. 鲜奶一次煮沸后杀菌备用。
2. 全部的材料放入电动搅拌机中，搅拌变细滑后用网筛过滤。

无糖发泡鲜奶油
（1个使用50g）

47%鲜奶油	适量

鲜奶油搅打至七八分发泡。

组合及装饰

（1份）

栗子涩皮煮	1/2颗
糖粉（防潮型）	适量

1. 在装了12号圆形挤花嘴的挤花袋中，装入迪普洛曼鲜奶油，在达克瓦兹蛋糕上挤上40g，将栗子涩皮煮放在中央。
2. 从**1**的上面，挤上50g搅打至七八分发泡的无糖发泡鲜奶油，放上海绵蛋糕用手轻轻按压。
3. 使用压筒，一面左右晃动，一面挤上蒙布朗鲜奶油。将蛋糕转方向90°同样地挤上蒙布朗鲜奶油，上面再撒上糖粉。

底部使用达克瓦兹蛋糕
以方便叉子插入

２００２年，在埼玉县志木开业的"ROI LEGUME"，是小寺干成主厨在自家农场中所开设的法国甜点店。以自家农场栽培的芝麻、草莓、蓝莓、南瓜等为主要材料，主厨以平实的价格供应大量使用应季水果制作的甜点。通过口耳相传，获得当地人的青睐。

该店提供的蒙布朗，在以压筒挤上大量蒙布朗鲜奶油的里面，由下而上依序叠上达克瓦兹蛋糕、迪普洛曼鲜奶油、栗子涩皮煮、无糖发泡鲜奶油，以及海绵蛋糕。除了蒙布朗鲜奶油及达克瓦兹蛋糕的配方做过微调外，从开业至今，该店一直未改变过蒙布朗的风格，如今它已成为该店的招牌商品。

该店的蒙布朗，给人很深刻印象的是放在达克瓦兹蛋糕底座上的粗粒核桃。

"比起凸显味道，其实核桃的作用是呈现口感。在坚果类中我之所以选择核桃，是因为它拥有让人产生独特好心情的口感。它是本店蒙布朗的象征，是非常重要的食材。"小寺主厨表示。

为了让核桃成为口感上的重点，在达克瓦兹蛋糕上散放3块后烘烤。主厨采用达克瓦兹蛋糕的底座，是为了方便叉子由上而下插取食用。底部若使用蛋白饼，因为太硬叉子不易插入。小寺主厨认为，叉子插入可让蛋糕成为一体，因此他没有选择烤干的蛋白饼，而是采用达克瓦兹蛋糕。

制作达克瓦兹蛋糕时须注意，蛋白霜不可过度打发，只要搅打至细滑状态即可。这也是制作出质地细致、湿润、融口性佳的轻软达克瓦兹蛋糕的诀窍。此外，蛋糕配方中不只有杏仁粉，还有榛果粉，目的是让它散发浓郁的坚果风味。

混合蛋白霜和粉类时，手工进行操作。

小寺主厨说："手工操作时面团的状态可凭手感来控制，这样会减少失败。"

达克瓦兹蛋糕上若只挤有鲜奶油的话，则味道不够浓郁，所以使用迪普洛曼鲜奶油，目的是给人冲击的口感。经过充分炊煮，以网筛过滤的细滑卡士达酱中，组合了由乳脂肪成分47%的高脂鲜奶油搅打至九分发泡的无糖发泡鲜奶油，发泡鲜奶油和卡士达酱混合时，勿让气泡消失，这样才完成味道浓厚的迪普洛曼鲜奶油。

和栗＋法制栗子酱的配方
呈现出西洋甜点的风格

迪普洛曼鲜奶油上，放上切半的栗子涩皮煮，再挤上无糖发泡鲜奶油。无糖发泡鲜奶油，也是使用乳脂肪成分47%的浓郁鲜奶油制成。但是，过度搅打发泡会呈现乳脂肪独特的口感，所以搅打至七八分发泡即可。

再放上海绵蛋糕，用手轻轻按压，修整成梯形。放入海绵蛋糕的目的，是为了食用时，和蛋糕整体的大量鲜奶油取得平衡。海绵蛋糕切成1.5cm厚。

挤在周围的蒙布朗鲜奶油，以日本熊本县产的蒸栗制成的栗子酱作为基材，再加上法国制的栗子酱、栗子鲜奶油和栗子泥。另外，鲜奶需煮沸杀菌后加入，以调节硬度和防止干燥。

"和栗虽然非常美味，但是只用和栗制作蛋糕时，栗子的风味太弱。因为蛋糕不是只呈现栗子的味道，还要有西式甜点的风格，所以我加入有香草香味的法国制栗子酱"小寺主厨表示。主厨共使用4种栗子食材，来调节蒙布朗鲜奶油的甜味与硬度，让人吃在口中不觉得黏腻，还能享受到栗子本身的绵密口感与风味。

焙茶布蕾和加红豆的香堤鲜奶油
日式食材制作的个性蒙布朗

shakers cafe lounge+

甜点主厨　北村 佑介

焙茶蒙布朗

520日元／供应时间　全年

这是味道独特、给人强烈印象的焙茶香味蒙布朗。为了最大限度活用焙茶中萃取出的香味，采用烤布蕾。香堤鲜奶油中所加的红豆，也成为恰到好处的重点特色。

栗子涩皮煮

上面装饰1/4颗栗子涩皮煮，因为蒙布朗主体很软，放上1/2会压坍，所以只放上1/4的分量。

糖粉

以糖粉来表现山顶的白雪，使用的是装饰用的防潮型糖粉。

焙茶粉

表面撒上焙茶粉，能直接传达焙茶的味道。外观上感觉像能从雪间窥见山色一般。

蛋糕卷

蛋糕中不使用奶油而用色拉油，烤好后口感湿润、轻盈。能防止鲜奶油的水分渗入蛋白饼中。

蛋白饼

蛋白霜＋
淋面用蜜枣巧克力

蛋白饼外表薄薄地裹上淋面用蜜枣巧克力，里面再加入杏仁粉。为了稍微增强酥脆口感，配方中还加入少量的低筋面粉。

山萝卜

从白雪下能窥见的山巅绿意所引发的创意，使甜点更添色彩。

栗子鲜奶油

在法国制栗子酱中加入等量鲜奶油的爽盈口感。除了栗子风味外，还能让人感受到高雅的甜味。

焙茶烤布蕾

刚煎焙好的焙茶的香味完整移入烤布蕾中，布蕾具有鲜奶油般的融口性，恰能保形的柔细度。为了和栗子鲜奶油保持平衡，尽可能地降低甜味。

红豆香堤鲜奶油

这是混入水煮红豆的香堤鲜奶油。虽然风味并不浓烈，但能使鲜奶油感变柔和，并更加凸显整体的风味。

焙茶蒙布朗

蛋白饼（120份）

蛋白	500g
白砂糖	450g
玉米粉	75g
低筋面粉	12g
杏仁粉	100g

1. 将充分冷冻的蛋白和白砂糖搅打至七分发泡，制作蛋白霜。
2. 将玉米粉、低筋面粉和杏仁粉混合过筛，和1混合，如切割般混合。
3. 烤盘上用圆形挤花嘴，将2挤成直径6cm的圆形，烤盘下方再重叠垫一个倒扣的烤盘，放入上火160℃、下火150℃的烤箱中，打开风门烤30分钟。

蛋糕卷（取烤盘〔宽38、长53cm、高4.3cm〕4片）

蛋黄	650g
蜂蜜	70g
蛋白霜	
┌ 蛋白	840g
│ 白砂糖	620g
└ 海藻糖	100g
低筋面粉	385g
泡打粉	12g
色拉油	215g
鲜奶	325g

1. 低筋面粉和泡打粉混合过筛。
2. 色拉油和鲜奶混合加热至70℃以上。
3. 蛋黄和蜂蜜混合，用电动搅拌机打发让它混入空气。
4. 混合蛋白、白砂糖和海藻糖，用电动搅拌机搅打至七分发泡。
5. 在3中加入4的半量蛋白霜，用橡皮刮刀混拌，加入1再混合。
6. 加入剩余的蛋白霜混合，加入2混合。
7. 在烤盘上放入6刮平，下面重叠一个倒扣的烤盘，放入烤箱中，以上火180℃、下火165℃，打开风门烤13分钟。

焙茶烤布蕾（直径4cm、高2cm的圆形不沾模型120份）

鲜奶	1400g
38%鲜奶油	1400g
蛋黄	600g
白砂糖	150g
焙茶叶（川原制茶）	100g

1. 鲜奶和鲜奶油混合煮沸。
2. 在1中加入焙茶叶，用保鲜膜密封焖8分钟。
3. 将蛋黄和白砂糖混拌。
4. 在3中混入2，用网筛过滤。
5. 倒入不沾模型中，放入130℃的烤箱烤25分钟，隔水烘烤。
6. 用急速冷冻机急速冷冻。

红豆香堤鲜奶油（120份）

38%鲜奶油	1000g
水煮红豆（加糖）	1000g

1. 鲜奶油搅打至六分发泡。
2. 加入水煮红豆，用打蛋器一面稍微压碎，一面充分搅打发泡至尖端能竖起的程度。

栗子鲜奶油（120份）

栗子酱（沙巴东公司）	4000g
38%鲜奶油（A）	1200g
38%鲜奶油（B）	2800g

1. 鲜奶油（B）搅打至六分发泡。
2. 栗子酱弄散，慢慢加入鲜奶油（A），混合完成后用网筛过滤。
3. 在2中一面慢慢加入1，一面混合。

组合及装饰

淋面用蜜枣巧克力	适量
栗子涩皮煮	适量
焙茶粉（松鹤园）	适量
山萝卜	适量
糖粉（装饰用糖粉）	适量

1. 用直径4cm的圆形切模取用凉了的蛋糕卷。
2. 蛋白饼上尽量薄地涂上一层淋面用蜜枣巧克力。
3. 在蜜枣巧克力凝固前放上1。
4. 在装了圆形挤花嘴的挤花袋中装入红豆香堤鲜奶油，在蛋糕卷的上面，挤上同样大小的圆形，放上焙茶烤布蕾，再挤上高约2cm的红豆香堤鲜奶油。
5. 在装了蒙布朗挤花嘴的挤花袋中装入栗子鲜奶油，呈螺旋状无间隙地挤在4的周围。
6. 整体撒上焙茶粉，放上1/4颗栗子涩皮煮、装饰上山萝卜，整体再撒上糖粉。

烤布蕾加入焙茶风味
与栗子香味调和

以前该店推出过多种不同风味的蒙布朗，不过北村佑介主厨表示"希望制作自己觉得满意的蒙布朗"，因此最后只留下这款"焙茶蒙布朗"。主厨最初的想法是希望制作一款独创风格的个性化蒙布朗，以焙茶淡淡的苦味来搭配栗子风味，让顾客品尝栗子风味的同时，食用后口中还能残留焙茶香的余韵。

从选择茶叶开始。主厨虽然希望焙茶有浓郁的香味，不过有的茶叶会盖住栗子的香味，他发现焙茶的风味出乎意料地纤细。经过严格的挑选，最后决定使用刚焙好的川原制茶（日本三重县）的焙茶。决定使用的焙茶后，接下来的问题是决定蒙布朗的外观。一般蒙布朗给人的印象是整体如鲜奶油般的口感，主厨也希望焙茶蒙布朗具有入口即化的口感。因此在烤布蕾时他选择用蛋来凝固的方法。通常都是用吉利丁或琼脂来作为凝固剂，不过，吉利丁具有将香味锁住的持性，而琼脂的融口性又不佳，若避开两者，则只剩下蛋可供选择。蛋的口感佳，香味也不输栗子，和焙茶超乎想象地对味。尽管保形性有点差，不过具有主厨看重的绵细度，而且硬度勉强能够保持外型。

计算各部分的糖量
保留适度的甜味

栗子鲜奶油是使用法国制栗子酱，加入鲜奶油变软后，再混合搅打至六分发泡的鲜奶油制成。主厨组合栗子鲜奶油和焙茶烤布蕾的目标是，让顾客先感受到栗子的甜味，之后口中能残留焙茶香味的余韵。不过，余味只留下栗子鲜奶油的甜味。虽然主厨加入不亚于鲜奶油甜味的栗子泥来强调栗子的风味，不过却无法改善这种情况。主厨思考后，决定提高基本的脂肪成分，让

人吃到最后口中都能余味悠长。当时，栗子鲜奶油的脂肪成分高于烤布蕾。于是，主厨提高烤布蕾配方中鲜奶油的脂肪成分，完成最初想呈现的味道。此外，主厨将烤布蕾的糖分减至最低所需量，在后味中除去甜味，只保留焙茶的香味。

底座经过多次尝试后，最后还是决定使用蛋白饼。但是口感轻盈的蛋白饼让人略感不足。因此主厨加入低筋面粉让它更有口感。低筋面粉和蛋白的分量比是500g：12g。主厨表示"口感稍微明显比较好，所以不是11g也不是13g，而是12g这个精确的分量"。面糊以"扣盘"方式来烘烤。所谓的扣盘指的是倒扣烤盘，将一片空烤盘倒扣，叠上盛有面糊的烤盘，以这种方式来烤火候较温和。主厨表示"这虽然是旧的手法，但我认为这是烤出均匀蛋白饼的最佳方法"。同时还打开烤箱的风门以利于烤干蛋白饼。

为防止蛋白饼受潮，除了裹上淋面用巧克力外，主厨还用瑞士卷用的蛋糕隔开。因为无法避免鲜奶油中的蛋白质和水分离，所以在蛋白饼和鲜奶油之间，一定得加入某种缓冲食材。最好的食材是能有效防止蛋白饼变潮，又不会影响其他元素的味道。"不知道有没有效，感觉大概可以"，所以主厨选用瑞士卷所用的蛋糕卷。它比海绵蛋糕等的水分量多，但面粉少。蛋白饼和蛋糕卷两者都是较无个性的元素。面糊中的油脂不选用奶油，而是选用风味较淡的色拉油，也是基于相同的理由。两者都是以扣盘方式烘烤。

组装时，底座的蛋白饼裹上淋面用巧克力，放上蛋糕卷后，如同用红豆香堤鲜奶油从上、下夹住焙茶烤布蕾般层叠。红豆的风味并不明显，不过能防止鲜奶油的奶油感太突出，具有衬托整体风味的调味作用。最后在如山形般挤上栗子鲜奶油上，再撒上焙茶粉，装饰上象征雪的糖粉即完成。北村主厨表示，"如顶端覆着白雪的山形，是蒙布朗蛋糕绝对的造型"。

Varié

Chataigne

450日元／供应时间 秋季

在法语中，"Chataigne"是"栗子"的意思。这款甜点以栗子山的意象来设计。加入栗子酱的裘康地杏仁蛋糕（biscuit joconde）中，夹入栗子涩皮煮和奶油酱，顶端装饰着叶形巧克力装饰、栗子鲜奶油，以及烤过的干面，来搭配栗子风味。从下往上层叠的渐层褐色，意图表现法国之秋。

Delicius
和栗蒙布朗→P7

圣母峰

525日元
供应时间 10月至12月

该店使用一整颗蒸过的日产涩皮栗，展现和栗风味的魅力。里面还有裹覆巧克力的杏仁蛋白饼及卡士达酱等。并以咖啡味的马卡龙作为立体装饰。

Il Fait Jour
蒙布朗→P33

御殿山的蒙布朗

420日元
供应时间 全年

在意大利产栗子酱中，层叠着杏仁蛋糕和香堤鲜奶油，还撒入切成粗粒的法国产栗子甘露煮。这是一款没有太鲜明个性但味道柔和的蒙布朗。

Pâtissier Jun Honma
蒙布朗→P73

Matériel
蒙布朗→P65

巴黎淑女
蒙布朗

525日元
供应时间 9月至次年3月

顶部的栗子香堤鲜奶油中，使用法国制的栗子酱，而里面的栗子迪普洛曼鲜奶油中则使用和栗酱。底座的蛋糕和巧克力淋酱中，还加入芳香的核桃，让人享受多种食材的调和风味。

Pâtisserie LA NOBOUTIQUE
和栗蒙布朗→P121

蒙布朗塔

450日元
供应时间 秋季至次年春季

栗子鲜奶油是在法国制栗子酱中加入奶油，以增加浓厚美味，香堤鲜奶油中则分别加入鲜奶油5％量的砂糖和海藻糖，甜度和口感都相当清爽。底座是组合和栗子非常对味的塔。

Le Pâtissier Yokoyama
丹泽蒙布朗→P105

蒙布朗

385日元
供应时间 全年

在加入脱脂奶粉散发奶香风味的蛋白饼上，放上意大利产的蒸栗，再挤上栗子风味的鲜奶油。表面的栗子鲜奶油，是混合丹泽栗子酱和沙巴东公司生产的栗子酱。

LETTRE D'AMOUR　Grandmaison 白金
和栗蒙布朗→P81

安纳芋蒙布朗

530日元
供应时间　9月至11月

　　这是秋季限定的甜点，在甜味重、味道浓郁的安纳芋中，组合了以白巧克力为基材的慕斯，以及柳橙风味的柳橙鲜奶油等。外侧还以派的碎屑，增添酥松的口感。

南瓜塔

530日元
供应时间　10月至11月中旬

　　这款南瓜蒙布朗，配合南瓜的丰产期供应。在加入焦糖风味的南瓜烤布蕾的塔上，挤入鲜奶油和南瓜鲜奶油，再装饰上酥片和蜜煮南瓜。

Chamonix

450日元／供应时间　秋季至次年5月

　　主要使用和栗制作。在底座沙布蕾塔皮上，放上卷包着用糖浆煮碎栗的瑞士卷及细绵的和栗酱。以香堤鲜奶油涂抹整体的造型，充满个性化。

Ardéchois

450日元
供应时间　全年

　　这是使用法国产栗子，组合成塔的蒙布朗。塔的里面挤入以干邑白兰地增添香味的栗子酱，上面再挤入香堤鲜奶油和朗姆酒风味的栗子酱，属于浓郁厚重的成人风味。

Archaïque
蒙布朗→P37

巧克力醋栗蒙布朗

450日元／供应时间　全年

　　在使用法国产栗子制作，加入朗姆酒的栗子酱底下，散放着醋栗的布列塔尼酥饼的塔及巧克力香堤鲜奶油。法国栗子的浓郁风味与醋栗的酸味极其速配。

Les Créations de Pâtissier SHIBUI
和栗蒙布朗→P117

POIRE
蒙布朗→P21

和栗蒙布朗

798日元
供应时间　秋季至冬季

　　使用日本兵库县三田市"湖梅园"产的珍贵和栗"人丸"作为基本材料。直接挤制，以发挥它被誉为梦幻之栗的美味。下面还层叠加入栗子涩皮煮的发泡鲜奶油、杏仁鲜奶油和千层起酥皮。整体上刻意减少砂糖的甜味。不只是栗子的品种，农场也有限定，因此每年的供应期都有变化。

Marone

567日元／供应时间　秋季至次年的春季

　　使用以欧洲栗中较小颗、但味道和香味兼优的意大利栗制作，具有高雅甜味的栗子酱。栗子鲜奶油下，层叠着栗子慕斯、糖渍栗子和巧克力蛋糕。可可的苦味更加凸显栗子的风味，减少甜味的糖渍栗子是重点特色。

和栗千层派

630日元／供应时间　10月至次年3月

　　这是蒙布朗美味以千层派的形式来表现的一道甜点。以日本熊本县球磨地区的和栗"丹泽"为基材，在千层派皮、海绵蛋糕和卡士达酱千层派上，还添加大量加了奶油和白巧克力的鲜奶油，以及加了栗子涩皮煮的香堤鲜奶油。

法国栗蒙布朗

450日元
供应时间 全年

构成元素有以Imbert公司的栗子酱和沙巴东公司的栗子泥混合成的栗子鲜奶油、玛德莲蛋糕，以及装饰在上面的意大利产的糖渍栗子，散发浓厚的风味。

Pâtisserie **Aplanos**
和栗蒙布朗→P93

LE JARDIN BLEU
蒙布朗→P133

和栗蒙布朗

420日元
供应时间 全年

这是传统蒙布朗的创新版。栗子鲜奶油是以和栗甘露煮酱和白豆馅混合而成。构成包括包入中央的栗子涩皮煮或豆馅、鲜奶油及蛋白饼。

香蕉蒙布朗

399日元
供应时间 全年

底座和"蒙布朗"相同，是脆饼干和杏仁鲜奶油组成的塔。里面填入香煎香蕉和卡士达酱，竖着放入生香蕉，挤上鲜奶油后便能呈现分量感。

有机莓蒙布朗

525日元
供应时间 3月下旬至次年5月中旬

使用日本千叶的"镰形先生"农场以甜菊糖农法生产的成熟草莓。加入冷冻草莓干的蛋白饼上，放有一整颗草莓，外面再挤上以草莓泥制作的草莓鲜奶油。

Café du Jardin
国王蒙布朗→P125

Charles Friedel
Aiguille du Midi→P129

蒙布朗

350日元／供应时间 不定期

由法式蛋白饼、发泡鲜奶油、香堤鲜奶油和栗子所构成。栗子香堤鲜奶油是栗子酱和栗子鲜奶油混合，再加入大约等量的香堤鲜奶油混合而成。口感细柔，栗子风味圆润。散发清淡、高雅的朗姆酒芳香。

草莓蒙布朗

399日元／供应时间 全年

这是表现春之山意象的蒙布朗。顶端以香堤鲜奶油象征融雪。下面有意图呈现"草莓牛奶"风味的草莓鲜奶冻、草莓慕斯和迪普洛曼鲜奶油，底座是杏仁塔。

南瓜蒙布朗

399日元／供应时间 秋季至次年春季

以慕斯和鲜奶油发挥南瓜朴素的风味。在派和迪普洛曼鲜奶油组成的塔中，再放入南瓜慕斯，表面以南瓜鲜奶油包覆。这个甜点也以"南瓜塔"的名字推出。

紫芋蒙布朗

399日元
供应时间 秋季至次年春季

使用日本鹿儿岛县产的紫芋"种子岛Gold"。因为只使用此品种，所以仅在收到契约农家送来紫芋的期间才制作。紫芋鲜奶油下有香堤鲜奶油。里面还包入切丁的紫芋，让人充分品味紫芋的美味。底座是派和迪普洛曼鲜奶油组成的塔。

PERITEI
蒙布朗→P141

最大限度发挥
日产栗风味的
绝品蒙布朗

神奈川·Tama Plaza "**Bergue的4月**（Avril de Bergue）"

创业于1988年的著名法式甜点店"Bergue的4月"，直到今天仍拥有众多的粉丝。店长山本次夫主厨，活用自己曾在海外的修业经验，以欧洲技法为基础，不断持续创作日本人吃起来觉得朴素、美味的甜点。

山本主厨制作的"蒙布朗"，是以杏仁蛋白饼、鲜奶油，和100%日产栗的栗子鲜奶油三个部分组合。因为元素简单，因此选用的食材对于美味度有很大的影响。

日本人喜好轻盈的口感，为了制作能够充分品尝日产栗丰富美味的蒙布朗，山本主厨选用的日产栗子酱，是**Maruya**公司生产的"冷冻栗金团球磨40利平"。山本主厨表示"我充分活用被认为是高级日产栗的日本熊本县产的利平栗的风味，只有这种栗子味才能做出浓厚风味的栗子酱。这种栗子酱从喜爱蒙布朗的顾客那里也受到热烈的好评"。对于使用最高级材料的该店来说，优质的**Maruya**栗子产品，是不可或缺的材料之一。

蒙布朗　480日元

该店的蒙布朗，底下垫着喷了白巧克力的杏仁蛋白饼，挤上和乳业公司共同开发的乳脂肪成分35%的轻爽鲜奶油搅打成的鲜奶油。周围挤上大量以**Maruya**"冷冻栗金团球磨40利平"和鲜奶油、朗姆酒混合成的栗子鲜奶油，最后撒上糖粉即完成。主厨降低了蒙布朗整体的甜味，更加凸显细绵、朴素的日产栗子风味。

山本次夫主厨表示"我逐年挑选优良的栗子产品"。据说他使用品质优良、种类丰富的**Maruya**栗子产品已有15年以上的时间。

Maruya公司的"冷冻栗金团球磨40利平"
※山本主厨的特别定制品

该店位于能瞭望美之丘公园的悠闲、宁静地区。2012年，"Gâteau à la Broche"在隔壁新开业，主要供应法国西南部传统甜点。

Bergue的4月

地址	日本神奈川县横滨市青叶区美しが丘2-19-5
电话	045-901-1145
营业时间	9时30分至19时
休息日	周一（遇国定假日改下周二）
URL	http://bergue.main.jp

■供应商／（株）**Maruya**　088-622-4550　http://www.my-maruya.jp

制作蒙布朗的栗子产品指南

以下将介绍制作蒙布朗不可或缺的栗子产品。除了简单说明产品的特色外，还会介绍原材料和糖度等，以供参考。

栗子酱◆洋栗、其他

沙巴东（Sabaton）| 栗子酱

栗子中加入糖渍栗子、香草香料和砂糖等，加工成泥状。适合用于蒙布朗鲜奶油中。

〔栗子原产地：法国、西班牙等（※）／加工地：法国〕

原材料◘栗子、砂糖、葡萄糖浆（源自小麦）、香草香料
糖度◘Brix 60（※）
※依收获状况而有变动
容量和单位◘5kg×4／箱、1kg×12／箱、240g×48／箱
供应商◘日法商事股份有限公司

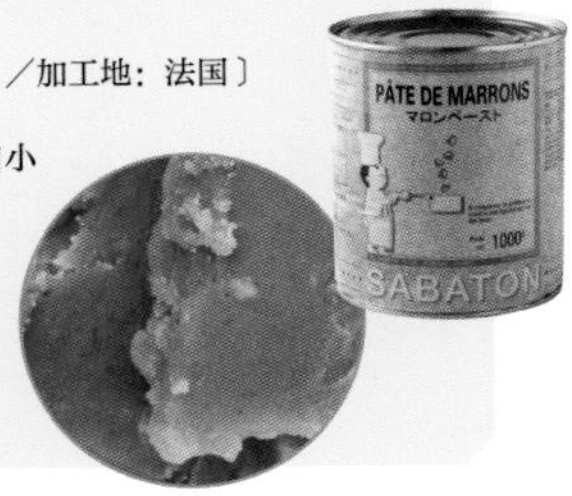

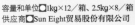

Facor | 栗子酱

使用欧洲产的小颗栗子，加上马达加斯加岛产的天然香草。散发栗子原有的风味，甜味适中。

〔栗子原产地：意大利／加工地：法国〕

原材料◘栗子、砂糖、葡萄糖浆、香草
糖度◘Brix 60
容量和单位◘1kg
供应商◘Arcane股份有限公司

沙巴东 | AOC　Chataigni d' ardechi pate

法国阿尔代什（Ardèche）省产，活用栗子（chataigni）原有的特色，不加入香草，减少甜味蒸煮而成。最适合用于和发泡鲜奶油组合的慕斯或蒙布朗中。

〔栗子原产地：法国、阿尔代什省／加工地：法国〕

原材料◘栗子、砂糖、葡萄糖浆（源自小麦）
糖度◘Brix 57（依不同的收获状况而有变动）
容量和单位◘1kg×12／箱
供应商◘日法商事股份有限公司
AOC产品是产地限定商品，所以根据不同的收获状况，有时可能无法生产。

Le Clos du Marron | 栗子酱

只用栗子和砂糖制作的简单栗子酱。栗子的比例多，且减少糖分，因此能尝到栗子的原有风味。柔软、好处理，烘烤类甜点、鲜奶油等各种产品中都适用。

〔栗子原产地：意大利／加工地：法国〕

原材料◘栗子68%、砂糖32%
糖度◘Brix 49±2.0
容量和单位◘900g×12／箱
供应商◘大和贸易股份有限公司

Imbert | 栗子酱

栗子酱是严选味道最佳的欧洲栗，加入马达加斯加岛产的天然香草，保留栗子美味特色的绝妙风味。

〔栗子原产地：意大利、法国、葡萄牙／加工地：法国〕

原材料◘栗子62%、砂糖38%、香草
糖度◘Brix 55±2
容量和单位◘1kg×12／箱
供应商◘
Imbert Japan股份有限公司

Minervei | 烤栗栗子酱

采用意大利自家公司农场收成的栗子，以烤箱烘烤后，去除硬外皮。将栗仁过滤，不经加热直接和其他原料混合装罐，以密封加热方式将栗子的风味锁入罐中。

〔栗子原产地：意大利／加工地：法国〕

原材料◘栗子、砂糖，葡萄糖浆，香草香料
糖度◘Brix 62±3
容量和单位◘1kg×12／箱
供应商◘
Iwase Eesta股份有限公司大阪本社
Iwase Eesta股份有限公司东京本社

Marron Royal | 栗子酱

在Marron Royal公司内部严格的基准下，使用严选自意大利的栗子制作的栗子酱。采用糖渍栗子的做法，减少糖分，提高栗子的浓度。是栗子丰富风味和香草适度香味保持均衡的绝妙栗子酱。

〔栗子原产地：意大利／加工地：法国〕

原材料◘栗子、砂糖、葡萄糖浆（源自小麦）、香料（香草）
糖度◘60度
容量和单位◘1kg×12／箱、2.5kg×8／箱
供应商◘Sun Eight贸易股份有限公司

Minervei | 栗子酱　supreme

栗子连硬外皮放入烤箱烘烤，去皮，将栗仁过滤后，不经加热直接和砂糖混合装罐，以密封加热方式将栗子的风味锁入罐中。增加栗子的含量，且原料只有栗子和砂糖。以低温加热法制成的产品。

〔栗子原产地：意大利／加工地：法国〕

原材料◘栗子、砂糖
糖度◘Brix 56±3
容量和单位◘ 900g×12／箱
供应商◘
Iwase Eesta股份有限公司大阪本社
Iwase Eesta股份有限公司东京本社

Agrimontana|栗子酱

使用意大利、法国产的"栗子"（Marrone）制作。以糖浆腌渍后的高品质栗子，加工制成泥状。适合用于蒙布朗鲜奶油、烘烤类甜点。

〔栗子原产地：意大利、法国／加工地：意大利·皮埃蒙特（Piemonte）〕

原材料◻栗子、砂糖、蔗糖、葡萄糖浆、
天然香草精
糖度◻Brix 66±3
容量和单位◻1kg×6／箱
供应商◻Roots贸易股份有限公司

Jose Posada|栗子酱（1kg）

选用西班牙加利西亚（Galicia）产的Sativa种栗子，加入香草和砂糖加工成泥状。这种栗子酱的糖度是较低的55度，充分保留了浓郁的栗子味。

〔栗子原产地：西班牙·加利西亚地区／加工地：西班牙·加利西亚地区〕

原材料◻栗子、砂糖、水、香草
糖度◻55度
容量和单位◻1kg
供应商◻Il Pleut Sur La Seine股份有限公司企划输入贩售部

SE Original栗子酱 Premium

使用产自智利的优质栗子制作。特色是果肉呈褐色，具有栗子原有的风味和淡淡的甜味。完全不用任何食品添加物，味道丰富，风味犹如日本人熟悉的"烧栗"。

〔栗子原产地：智利／加工地：智利〕

原材料◻栗子、砂糖
糖度◻60度±2
容量和单位◻1kg×12／箱
供应商◻Sun Eight贸易股份有限公司

Gaetano栗子酱

以"Gaetano栗子"（见162页）制成糖度50的绵细状态。

〔栗子原产地：意大利／加工地：日本德岛县〕

原材料◻栗子、砂糖
糖度◻50度
容量和单位◻1kg×10／箱
供应商◻Maruya股份有限公司

Tottemo栗子酱

以"Tottemo栗子"（见162页）制成的栗子酱。使用的原材料只有栗子和砂糖。最适合用于黄色的蒙布朗中。

〔栗子原产地：韩国／加工地：日本德岛县〕

原材料◻栗子、砂糖
糖度◻50度
容量和单位◻1kg×10／箱
供应商◻Maruya股份有限公司

涩皮栗子酱2kg

韩国产涩皮栗甘露煮制成泥状。常温型。

〔栗子原产地：韩国／加工地：日本宫崎县〕

原材料◻栗子、砂糖
糖度◻Brix 50（基准值）
容量和单位◻2kg×8／箱
供应商◻Nakari股份有限公司

栗子酱（Marron du Patissier）

只用蒸栗和砂糖制作的天然栗子酱。不加香草或香料等，活用栗子的风味。绵细、好处理，好操作。

原材料◻栗子、白砂糖
糖度◻50度
容量和单位◻1kg×10／箱
供应商◻上野忠股份有限公司

栗子酱◆和栗

和栗酱1mm

原料是使用爱媛县西予市的"奥伊予特选栗"。连皮直接慢慢蒸熟，取出果肉不加热，混合砂糖制作。包装后，再加热杀菌处理。

〔栗子原产地：爱媛县·西予市／加工地：日本爱媛县·西予市〕

原材料◻栗子、砂糖
糖度◻45度±2
容量和单位◻2kg×5／箱
供应商◻
城川开发公社股份有限公司 城川自然农场

冷冻栗金团

严选产地和品种的生栗，以高压蒸汽蒸熟，果肉用2mm网目的网筛过滤制成。栗子保留颗粒。即产即销。

〔栗子原产地：日本熊本县（球磨50利平／球磨50丹泽）、鹿儿岛县（雾岛50）、宫崎县（日之影50）、大分县（山香50）、岛根县（津和野50）、山口县（阿武50）、大阪府（能势50）、爱媛县（爱媛50）、德岛县（阿南50）／加工地：日本德岛县〕

原材料◻栗子、砂糖
糖度◻50度
容量和单位◻1kg×10×2／箱
供应商◻Maruya股份有限公司

爱媛50银寄

茨城栗子酱

直接呈现栗子风味的栗子酱。适合用于重视风味的馅料中，只使用早生栗以能表现最佳甜味的加热方式制作。

〔栗子原产地：日本茨城县／加工地：日本茨城县〕

原材料○栗子80.0%、砂糖20.0%
糖度○Brix40
容量和单位○500g、1kg
供应商○小田喜商店股份有限公司

日产栗子酱上 2kg

常温保存的栗子酱。

〔栗子原产地：日本熊本县、日本宫崎县／加工地：日本宫崎县〕

原材料○栗子、砂糖
糖度○Brix 47（基准值）
容量和单位○2kg×8／箱
供应商○Nakari股份有限公司

衣栗子酱

使用栗涩皮煮"衣栗"，是味道浓厚的栗子酱。糖度约50度。比"茨城栗子酱"甜。〔栗子原产地：日本茨城县／加工地：日本茨城县〕

原材料○栗子48.0%、砂糖52.0%
糖度○Brix 52
容量和单位○1kg
供应商○小田喜商店股份有限公司

日产冷冻涩皮栗子酱 2kg

日产涩皮栗甘露煮制成泥状。冷冻型。

〔栗子原产地：日本熊本县、宫崎县／加工地：日本宫崎县〕

原材料○栗子、砂糖
糖度○Brix 42
容量和单位○2kg×8／箱
供应商○Nakari股份有限公司

日产冷冻栗子酱 2kg

只使用日产的生栗和砂糖。在宫崎的工厂生产，保有栗子的风味。基准的糖度也是较低的Brix 39，最适合制作蒙布朗等甜点。

〔栗子原产地：日本熊本县、宫崎县／加工地：日本宫崎县〕

原材料○栗子、砂糖
糖度○Brix 39（基准值）
容量和单位○2kg×8／箱
供应商○Nakari股份有限公司

冷冻丹波栗子酱 2kg

只使用产量少的丹波栗（京都府产）和砂糖，制成泥状。

〔栗子原产地：日本京都府·丹波地区／加工地：日本宫崎县〕

原材料○栗子、砂糖
糖度○Brix 39（基准值）
容量和单位○2kg×8／箱
供应商○Nakari股份有限公司

球磨栗子酱

刚收成的栗子，趁新鲜在产地的工厂加工制作。栗仁以网筛过滤后加糖，口感绵细。〔栗子原产地：日本熊本县·球磨郡／加工地：日本熊本县·球磨郡〕

原材料○栗子、砂糖
糖度○Brix 46
容量和单位○4kg（2kg×2）、10kg（2kg×5）
供应商○Kumarei股份有限公司　球磨栗本铺

栗子鲜奶油

Marron Royal｜栗子鲜奶油

使用意大利产的糖渍栗子，以网筛过滤成泥状，加入砂糖葡萄糖浆，和马达加斯加岛产的香草，再加工为乳脂状。是具有香草高雅芳香和丰厚风味的鲜奶油。

〔栗子原产地：意大利／加工地：法国〕

原材料○栗子、砂糖、葡萄糖浆（源自小麦）、香料（香草棒）
糖度○60度
容量和单位○1kg×12／箱
供应商○Sun Eight贸易股份有限公司

Imbert｜栗子鲜奶油

特色是质感滑顺、柔细。严选马达加斯加岛产的天然香草，加入适中分量以提升风味，呈深褐色。

〔栗子原产地：意大利、法国、葡萄牙／加工地：法国〕

原材料○栗子50%、砂糖50%、香草
糖度○Brix 62±2
容量和单位○1kg×12／箱
供应商○
Imbert·Japan股份有限公司

Confiserie Azuréenne｜Collobrières　栗子鲜奶油

只使用收成期的高品质栗子。加入马达加斯加岛产的香草棒，增添适度的香草香，是具有丰盈风味的优质鲜奶油。

〔栗子原产地：法国／加工地：法国〕

原材料○栗子、砂糖、葡萄糖浆（源自小麦）、香料（香草棒）
糖度○60度
容量和单位○1kg×12／箱
供应商○Sun Eight贸易股份有限公司

158

Minervei | 栗子鲜奶油 Super smooth
栗子连硬皮放入烤箱烘烤去壳后，以0.2mm的细微网目的网筛过滤。凸显非常绵密的口感，与栗子酱一起使用。
〔栗子原产地：意大利／加工地：法国〕

原材料○栗子、砂糖、葡萄糖果糖液糖、葡萄糖
糖度○Brix62±2
容量和单位○1kg×12／箱
供应商○Iwase Eesta股份有限公司大阪本社／
Iwase Eesta股份有限公司东京本社

Clement Faugier | 栗子鲜奶油
该公司的栗子鲜奶油，自1885年诞生至今坚持不变的风味，深受各代人的喜爱。只使用天然食材，还加入碎粒糖渍栗子，使栗子风味更加凸显。
〔栗子原产地：欧洲（法国、西班牙、意大利、葡萄牙等）／加工地：法国・阿尔代什省的普里瓦（Privas）〕

原材料○栗子、砂糖，葡萄糖浆
（源自小麦）、香草香料
糖度○Brix 63.6
容量和单位○250g
供应商○日法贸易股份有限公司

沙巴东 | AOC 栗子鲜奶油（Châtaigne d'Ardèche Crème）
为了活用阿尔代什产栗子原来的特色，不加入香草来炊煮，成品比栗子酱和栗子泥的流动性高，质地更细滑。
〔栗子原产地：法国・阿尔代什／加工地：法国〕

原材料○栗子、砂糖、水
糖度○Brix 57
（依不同的收获状况而有变动）
容量和单位○1kg×12／箱
供应商○日法商事股份有限公司
AOC制品是限定产地的产品，
因此根据不同的收获状况，有时可能无法生产。

Agrimontanai | 栗子鲜奶油
这是在意大利产栗子"Maroni"中加入砂糖，经加热烹调、精制成的产品。建议可用来增加鲜奶油的风味。
〔栗子原产地：意大利／加工地：意大利・皮耶蒙提省〕

原材料○栗子、蔗糖、天然香草香料
糖度○Brix70±3
容量和单位○1kg×6／箱
供应商○Roots贸易股份有限公司

SE Original 栗子鲜奶油
只使用西班牙原种的"Castanea Sativa种"和砂糖，以讲究的制法精心完成，是风味高雅、味道丰厚浓郁的鲜奶油。活用自然栗子的风味，所以很容易和其他材料组合搭配，适合用在各种用途上。
〔栗子原产地：智利／加工地：智利〕

原材料○砂糖、栗子
糖度○60度±2
容量和单位○1kg×12／箱
供应商○Sun Eight贸易股份有限公司

Bonne Maman | 栗子鲜奶油
在栗子中加入砂糖的鲜奶油，也作为甜点的材料。
〔栗子原产地：西班牙、法国、意大利、葡萄牙／加工地：法国〕

原材料○砂糖、栗子、香草、水
糖度○Brix 57-63
容量和单位○225g，370g
供应商○Arcane股份有限公司

沙巴东 | 栗子鲜奶油
在栗子中加入砂糖、香草香料等，再加工成绵细的乳脂状。
〔栗子原产地：法国、西班牙等（※）／加工地：法国〕

原材料○栗子、砂糖、葡萄糖浆（源自小麦）、香草香料
糖度○Brix60（※）
※依不同的收获状况而有变动
容量和单位○5kg×4／箱、
1kg×12／箱、
250g×48／箱
供应商○
日法商事股份有限公司

栗子泥

沙巴东 | 栗子泥
蒸栗直接压碎制成泥状。
〔栗子原产地：法国、西班牙等（※）／加工地：法国〕

原材料○栗子、水
糖度○Brix 10.5（※）
※依不同的收获状况而有变动
容量和单位○870g×12／箱、
435g×12／箱
供应商○日法商事股份有限公司

沙巴东 | AOC栗子泥（Châtaigned'Ardèche Puree）
以蒸过的阿尔代什产的栗子加工成泥状制成。也可用于料理中。
〔栗子原产地：法国・阿尔代什／加工地：法国〕

原材料○栗子、水
糖度○Brix 10.5（依不同的收获状况而有变动）
容量和单位○870g×12／箱

供应商○日法商事股份有限公司
AOC制品是限定产地的产品，因此根据不同的收获状况，有时可能无法生产。

Imbert | 栗子泥

以特殊的制法加工，以彻底去除栗子所含的苦味成分丹宁。为了能直接运用欧洲栗子的纤细风味，不使用原味砂糖。

〔栗子原产地：意大利、法国、葡萄牙／加工地：法国〕

原材料□栗100%
糖度□Brix10±3
容量和单位□875g×12／箱
供应商□
Imbert Japan股份有限公司

Marron Royal | 栗子泥

使用意大利产的严选高品质栗子。不使用砂糖，活用栗子原有的风味和甜味制成栗子泥，适合用来增加蒙布朗鲜奶油的风味。

〔栗子原产地：意大利／加工地：法国〕

原材料□栗子、水
糖度□10.5度
容量和单位□870g×12／箱
供应商□Sun Eight
贸易股份有限公司

甘煮・糖浆腌渍・糖渍栗子 ◆ 洋栗、其他

Agrimontana | 小栗子（糖渍）

90～110颗／kg的包装。小尺寸的"栗子"（Maroni）。风味丰富、口感圆润。坚持以100%天然材料生产，糖浆用水是以净水器过滤净化过的矿泉水。

〔加工地：意大利・皮耶蒙提省〕

原材料□栗子、葡萄糖浆、砂糖、天然香草精
糖度□72±3
容量和单位□1.1kg（净重量0.6kg）×6／箱
供应商□Roots贸易股份有限公司

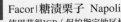

Facor | 糖渍栗子 Napoli

使用获得IGP（保护指定地区标示）认证的优良农产物的欧洲栗子制作。

〔栗子原产地：意大利／加工地：法国〕

原材料□栗子、砂糖，
葡萄糖浆、香草
糖度□Brix 72
容量和单位□3kg（约80颗）
供应商□Arcane股份有限公司

Agrimontanai | 碎栗（糖浆腌渍）

使用专利去皮技术，将生长于高海拔地区的高品质"栗子"（Maroni）加工为成品。栗子进行糖浆腌渍的操作后，先选出外型不佳的栗子，制成碎栗。能活用于蒙布朗等甜点中，用途相当广泛。

〔栗子原产地：意大利／加工地：意大利・皮耶蒙提省〕

原材料□栗子、葡萄糖浆、砂糖、天然香草精
糖度□72±3
容量和单位□1.1kg（净重量0.6kg）×6／箱
供应商□Roots贸易股份有限公司

Facor | 糖渍栗子
装饰（整颗）

使用以优良品质闻名于世的欧洲产栗子制作。

〔栗子原产地：意大利／加工地：法国〕

原材料□栗子、砂糖、葡萄糖浆、香草
糖度□Brix72
容量和单位□3kg（约140颗）
供应商□
Arcane股份有限公司

Jose Posada | 糖渍栗子（1kg）

使用西班牙加利西亚产Sativa种的栗子。果肉呈自然、明亮的颜色。1罐约有70颗左右。〔栗子原产地：西班牙・加利西亚地区／加工地：西班牙・加利西亚地区〕

原材料□栗子、砂糖、水、香草
糖度□45度
容量和单位□1kg（净重量650g）
供应商□Il Pleut Sur La Seine股份有限公司企划 输入贩售部

Facor | 糖渍栗子 碎栗

欧洲产栗子中，挑出破碎的以糖浆腌渍制作。

〔栗子原产地：意大利／加工地：法国〕

原材料□栗子、砂糖、葡萄糖浆、香草
糖度□Brix 72
容量和单位□3kg
供应商□Arcane股份有限公司

Le Roi | 甜点栗子

使用西班牙产的严选整颗栗子。以低糖度的糖浆腌渍，因甜味降低，是能享受到栗子原有风味的整颗栗子。不会影响其他食材的味道，具有浅栗色的美丽外观，最适合作为装饰用。

〔栗子原产地：西班牙／加工地：西班牙〕

原材料□栗子、砂糖、水、葡萄糖液糖
糖度□45度
容量和单位□1kg（固形量650g）×12／箱
供应商□Sun Eight贸易股份有限公司

Marron Royal | 装饰栗子

严选意大利产的小颗、优质栗子。为避免损伤，每两颗装入网袋中，仔细进行糖渍操作，是最适合作为装饰用的糖渍栗子。每颗8～10g。

〔栗子原产地：意大利／加工地：法国〕

原材料□栗子、砂糖、葡萄糖浆（源自小麦）、香料（香草荚）
糖度□72度
容量和单位□3kg（固形量1.65kg）×8／箱
供应商□Sun Eight贸易股份有限公司

Marron Royal ┃糖渍碎栗

使用意大利产栗子，挑选糖渍栗子制造过程中外观已破损的。具有栗子原有的香味与甜味，最适合制作烘烤类甜点和蒙布朗的鲜奶油等。

〔栗子原产地：意大利／加工地：法国〕

原材料☐栗子、砂糖、葡萄糖浆（源自小麦）、
香料（香草荚）
糖度☐72度
容量和单位☐3kg
（固形量1.65kg）×8／箱
供应商☐Sun Eight贸易股份有限公司

Marron Royal ┃冷冻 糖渍碎栗

使用意大利产栗子。糖渍栗子在未裹糖浆的状态下，收集外观已经破损的制作。具有栗子原有的香味和甜味，最适合制作烘烤类甜点和蒙布朗的鲜奶油等。

〔栗子原产地：意大利／加工地：法国〕

原材料☐栗子、砂糖、葡萄糖浆（源自小麦），
香料（香草荚）
糖度☐73度
容量和单位☐2.5kg×5／箱
供应商☐Sun Eight贸易股份有限公司

沙巴东┃糖渍碎栗

以香浓的糖浆腌渍的碎栗型产品。除了蒙布朗外，也活用在慕斯、面团等中，用途相当广泛。

〔栗子原产地：意大利（※）／加工地：法国〕

原材料☐栗子、砂糖、
葡萄糖浆（含源自小麦的成分）、
香草香料
糖度☐Brix 72（※）
※依不同的收获状况而有变动
容量和单位☐1050g
（固形量600g）×12／箱
供应商☐日法商事股份有限公司

沙巴东┃糖渍小栗

使用小颗栗子以糖浆腌渍，以作为糖渍栗子用的产品。〔栗子原产地：意大利（※）／加工地：法国〕

原材料☐栗子、砂糖、葡萄糖浆（含源自小麦的成分）、香草香料
糖度☐Brix72（※）
※依不同的收获状况而有变动
容量和单位☐4kg（固形量2.3kg）×4／箱
供应商☐日法商事股份有限公司

沙巴东┃糖渍栗子

使用大颗栗子以糖浆腌渍，以作为糖渍栗子用的产品。

〔栗子原产地：意大利（※）／加工地：法国〕

原材料☐栗子、砂糖、葡萄糖浆（含源自小麦的成分）、
香草香料
糖度☐Brix 72（※）
※依不同的收获状况而有变动
容量和单位☐4kg（固形量2.3kg）×4／箱
供应商☐日法商事股份有限公司

Tottemo栗子

去壳栗仁制成栗子甘露煮，无任何添加物，也不使用着色剂。和鲜奶油是绝妙的组合。

〔栗子原产地：韩国／加工地：德岛县〕

原材料☐栗子、砂糖
糖度☐45度
容量和单位☐1号罐×6／箱
供应商☐
Maruya股份有限公司

Gaetano 栗子

意大利托斯卡尼省、拉齐欧省（Lazio）收成最高级品种的"栗子"（Maroni），经蒸熟后，制成口感细绵的栗子甘露煮。

〔栗子原产地：意大利／加工地：日本德岛县〕

原材料☐栗子、砂糖
糖度☐45度
容量和单位☐500g×12／箱
供应商☐Maruya股份有限公司

SE Original涩皮栗整颗（甘露煮）

使用西班牙原种的"Castanea Sativa种"栗子制作。特色是水分少，果肉呈褐色，有淡淡的甜味。因为果实附有涩皮，质地坚实，烘烤后也能保持外型，适合作为装饰用。

〔栗子原产地：智利／加工地：智利〕

原材料☐栗子、砂糖、水
糖度☐50度±2
容量和单位☐3.5kg
（固形量1.9kg）×6／箱
供应商☐Sun Eight贸易股份有限公司

栗甘露煮 极软9ℓ罐·1号罐

以独门做法，将韩国产的去壳栗仁制成柔软、风味丰盈的栗甘露煮。能广泛地用在西洋甜点或和菓子中。

〔栗子原产地：韩国／加工地：日本宫崎县〕

原材料☐栗子、砂糖、pH调整剂、
着色料（栀子）、漂白剂（亚硫酸盐）
糖度☐Brix 50
容量和单位☐9ℓ罐（内容物总量10.5kg、固形量6kg）、1号罐（内容物总量3.5kg、固形量1.9kg）
供应商☐Nakari股份有限公司

涩皮栗甘露煮9ℓ罐·1号罐

以独门做法，将韩国产的涩皮栗制成柔软、风味丰盈的涩皮栗甘露煮。能广泛运用在西洋甜点或和菓子中。

〔栗子原产地：韩国／加工地：日本宫崎县〕

原材料☐栗子、砂糖、pH调整剂
糖度☐Brix 50
容量和单位☐9ℓ罐
（内容物总量10.5kg、固形量6kg）、
1号罐（内容物总量3.5kg、
固形量1.9kg）
供应商☐Nakari股份有限公司

甘煮・糖浆腌渍・糖渍栗子◆和栗

和栗粗剥甘露煮

原料是爱媛县西予市当地生产的"奥伊予特选栗",使用L的大小制作。以机械去皮,因此稍微残留一些涩皮。以无漂白、无添加的方式加工制成。

〔栗子原产地:日本爱媛县・西予市/加工地:日本爱媛县・西予市〕

原材料◯栗子、砂糖
糖度◯55度±2
容量和单位◯2kg(固形量1kg)×6/箱
供应商◯城川开发公社股份有限公司
城川自然农场

栗甘露煮

新鲜度最为重要的栗子,在当地收成、在当地加工,堪称真正日产茨城的栗子甘露煮。甘露煮尽管做法一样,但制作者不同,味道也不同,此款产品全以社长精心调配的糖蜜来煮制,呈现高雅的栗子风味。

〔栗子原产地:日本茨城县/加工地:日本茨城县〕

原材料◯栗子、砂糖液、栀子黄色素
糖度◯Brix 52±2
容量和单位◯560g(固形量280g)
供应商◯小田喜商店股份有限公司

衣栗(栗涩皮煮)固形量280g入

涩皮煮适合使用味道浓厚的栗子,经数月低温熟成至年末的栗子,已充分分解蛋白质,再进行加工。此外,为了呈现栗子原有的风味,以特别的做法制作,不添加小苏打,具有非常丰富的栗子风味,口感上涩皮毫无违和感。

〔栗子原产地:日本茨城县/加工地:日本茨城县〕

原材料◯栗子、砂糖液 糖度◯Brix 52
容量和单位◯560g(固形量280g)
供应商◯小田喜商店股份有限公司

Hokuhoku栗津和野50

岛根县的津和野地区收成的栗子,以机械去鬼皮后,稍微残留涩皮的状态下,制成口感细绵、糖度50度的栗子甘露煮。

〔栗子原产地:日本岛根县・津和野地区/加工地:日本德岛县〕

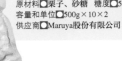

原材料◯栗子、砂糖 糖度◯50度
容量和单位◯500g×10×2
供应商◯Maruya股份有限公司

丹波栗甘露煮9ℓ罐・1号罐

以稀少的京都府产的丹波栗,只用砂糖煮制成栗子甘露煮,是极讲究的高级精品。

〔栗子原产地:日本京都府・丹波地方/加工地:日本宫崎县〕

原材料◯栗子、砂糖 糖度◯Brix 50
容量和单位◯9ℓ罐(内容物总量10.5kg、固形量6kg)、1号罐(内容物总量3.5kg、固形量1.9kg)
供应商◯Nakari股份有限公司

日产栗甘露煮9ℓ罐・1号罐

自产地搜集鲜度高的生栗,全部以费工昂贵的日式做法制作的栗甘露煮。

〔栗子原产地:日本熊本县、日本宫崎县/加工地:日本宫崎县〕

原材料◯栗子、砂糖 糖度◯Brix50
容量和单位◯9ℓ罐(内容物总量10.5kg、固形量6kg)、1号罐(内容物总量3.5kg、固形量1.9kg)
供应商◯Nakari股份有限公司

丹波涩皮栗甘露煮9ℓ罐・1号罐

使用稀少的京都府产的丹波栗制成的涩皮栗甘露煮,是讲究的高级产品。

〔栗子原产地:日本京都府・丹波地区/加工地:日本宫崎县〕

原材料◯栗子、砂糖、pH调整剂
糖度◯Brix 50
容量和单位◯9ℓ罐(内容物总量10.5kg、固形量6kg)、1号罐(内容物总量3.5kg、固形量1.9kg)
供应商◯Nakari股份有限公司

日产涩皮栗甘露煮9ℓ罐・1号罐

自产地搜集鲜度高的生栗,全部以费工昂贵的日式做法制作的涩皮栗甘露煮。

〔栗子原产地:日本熊本县、日本宫崎县/加工地:日本宫崎县〕

原材料◯栗子、砂糖、pH调整剂
糖度◯Brix50
容量和单位◯9ℓ罐(内容物总量10.5kg、固形量6kg)、1号罐(内容物总量3.5kg、固形量1.9kg)
供应商◯Nakari股份有限公司

其他栗子产品

沙巴东|蒸栗 整颗

去皮蒸栗。不加任何糖分,具有栗子原有的美味与口感的产品。最适合用于料理中。

〔栗子原产地:意大利、葡萄牙(※)/加工地:法国〕
※依不同的收获状况而有变动

原材料◯栗 糖度◯—
容量和单位◯430g×6/箱
供应商◯日法商事股份有限公司

Concept Fruits|天然栗 袋装

比日本栗小颗的意大利产栗子,袋装。以手工采收,采真空包装,以免风味散失。已剔除涩皮,经过加热杀菌,无任何调味。

〔栗子原产地:EU/加工地:法国〕

原材料◯栗子 糖度◯—
容量和单位◯400g(200g×2)
供应商◯Arcane股份有限公司